なぜ、あなたのウェブには戦略がないのか？

3Cで強化する5つのウェブマーケティング施策

権 成俊、村上佐央里、木村 純、鳴海拓也、
春日井順子、佐藤晶子、後藤裕美子 著
株式会社ゴンウェブコンサルティング 監修

技術評論社

● 免 責

本書に記載された内容は、情報の提供だけを目的としています。したがって、本書を用いた運用は、必ずお客様自身の責任と判断によって行ってください。これらの情報の運用の結果について、技術評論社および著者はいかなる責任も負いません。

本書記載の情報は、2017年1月現在のものを掲載していますので、ご利用時には、変更されている場合もあります。

以上の注意事項をご承諾いただいた上で、本書をご利用願います。これらの注意事項をお読みいただかずに、お問い合わせいただいても、技術評論社および著者は対処しかねます。あらかじめ、ご承知おきください。

● 商標、登録商標について

本書に登場する製品名などは、一般に各社の登録商標または商標です。なお、本文中に™、®などのマークは省略しているものもあります。

はじめに

　私は1998年からウェブマーケティングにかかわってきました。2002年からはコンサルタントとして独立し、多くのクライアントのウェブマーケティングを、より重要な立場から支援してきました。

　クライアントの要求はさまざまです。SEOでもっと検索上位に表示したい。リスティング広告の費用対効果を高めたい。ウェブサイトの構造、コンテンツを改善したい。それぞれの要求にこたえるために、アクセス対策やサイト構築の技術を学び、実績を積み上げてきました。その結果、ある程度クライアントの要求にこたえることができました。また、ウェブマーケティングの専門家として高い評価を得て、指導をする立場にもなりました。

　しかし、数年たって振り返ってみると、ほとんどのクライアントの成果は長続きしませんでした。SEOではアルゴリズムの変化に振り回され、リスティング広告ではコストが高騰し、ウェブサイトは時代とともにトレンドが変わります。短期的にはご満足いただくことができたとしても、本当の意味で、費用対効果の高い貢献ができたとは思えませんでした。

　私は考えました。なぜ、効果は続かなかったのか。その結果、私が行きついた答え、それが「選ばれる理由」です。

これまで中小企業の商圏は限られていました。近隣であったり、狭い業界内であったり。市場が狭いからこそ、競合も限られ、競争から守られていた面がありました。しかしインターネットの登場で事情が変わりました。すべての業種、すべての立地において、企業は日本全国の競合他社と比較されるようになったのです。そうなってみて初めて、自社には強みが無いことに気付くのです。インターネットがもたらした超競争時代には、日本全国の競合と比較しされたときにでも、お客様から「選ばれる理由」が必要なのです。

　「選ばれる理由」を作るにはどうすればよいでしょうか。それを考えることが、戦略を立てるということです。戦略保留のままウェブサイトを作っても成果が出ないことは明白です。ウェブサイトを作る前に、まずは「選ばれる理由」を作り上げましょう。その上でのウェブマーケティングです。しかし、ここで大きく2つの課題があります。どのようにして、戦略を立てるのか。次に、戦略を生かしたマーケティングとはどのように行うのか。本書では、まさにその2つの課題の解決方法を述べています。

　本書では、第1章で戦略の考え方と戦略を3Cでまとめる方法について説明しています。第2章から第6章で、3Cをそれぞれのマーケティング手法に落とし込む方法を説明しています。この「戦略＋一気通貫」をismフレームワークと呼んでいます。

はじめに

　ismフレームワークは、私が代表を務める株式会社ゴンウェブコンサルティングが開発したフレームワークです。また、当社が運営する「戦略とインターネット活用のための組織ism（イズム）」でも、たくさんの会員の皆さんと共有され、実践されています。そして、本書でもご紹介している、たくさんの事例がその有効性を証明しています。ぜひ業界の共有財産として、多くの方に活用していただきたいと思っています。

　インターネットの登場によって社会の変化は加速しました。消費者がネットを活用することで、企業にとってウェブはますます重要なものとなります。企業の成長を支える、私たちウェブプロフェッショナルの立場は、ますます重要になっていきます。本書は企業のウェブマーケティング担当者のみならず、ウェブプロフェッショナルに学んでほしいと思って書きました。より多くのウェブプロフェッショナルが、ismフレームワークを活用することによって、ウェブマーケティングのみならず経営全体を支援する専門家として活躍してくれることを願っています。

2017年2月
株式会社ゴンウェブコンサルティング　代表取締役
ism代表
権 成俊

※ismについては046ページのコラムを参照。

もくじ

はじめに……003

第1章
戦略でマーケティングのすべてが変わる

- 1-1 **あなたのウェブマーケティングが成果につながらない理由**……014
  - 1 成果が出ないのはなぜ？……014
  - 2 対処療法から根本治療へ……015
- 1-2 **インターネットが競争のルールを変えた**……016
  - 1 超競争社会……016
  - 2 選ばれる理由……017
- 1-3 **戦略は一番大きな地図**……020
  - 1 荒野を走り抜くには準備が必要……020
  - 2 戦略なんていらない？……021
- 1-4 **絞り込め！**……022
  - 1 フォーカス＆ディープ……022
  - 2 大きく捨てる……023
- 1-5 **長期の視点**……024
  - 1 短期利益と長期利益は対立する……024
  - 2 重要度と緊急度……026
  - 3 決算書にふりまわされるな……027
- 1-6 **全体の視点**……028
  - 1 全体の効率を考える……028
- 1-7 **戦略を3Cで整理する**……030
  - 1 3Cフレームワーク……030
- 1-8 **価値を絞り込む、お客様を絞り込む**……032
  - 1 お客様の求める価値によって戦略が変わる……032
- 1-9 **競合と差別的優位点**……034
  - 1 「ユーザーが求める他の価値」を考える……034

- 1-10 **一気通貫** …… 038
  - 1 マーケティングは戦略に従う …… 038
  - 2 3Cをマーケティングにつなげる …… 040
- 1-11 **価値観が戦略を作る** …… 042
  - 1 パッション、ポジション、ミッション …… 042
- 1-12 **3Cで組織を動かす** …… 044
  - 1 戦略と実行 …… 044
  - 2 3Cを会社の文化に …… 045

第2章
調査・分析で
お客様を知る、競合を知る

- 2-1 **なぜ調査・分析が重要か？** …… 048
  - 1 お客様と競合を知る …… 048
- 2-2 **調査分析の基本の考え** …… 050
  - 1 想像と現実とのギャップを知る …… 050
  - 2 「現地」「現物」「現人」 …… 051
- 2-3 **あなたのお得意様はどんな人？** …… 052
  - 1 コアファンを知る …… 052
  - 2 お客様を知る方法 …… 053
- 2-4 **お客様インタビュー** …… 055
  - 1 インタビュー事例 …… 055
  - 2 新たなお客様像の発見 …… 056
- 2-5 **お客様インタビュー実施方法** …… 057
  - 1 インタビューに応じてくれるお客様を募集する …… 057
  - 2 お客様を選定する …… 058
  - 3 インタビューを実施する …… 059
  - 4 インタビュー内容をまとめる …… 060
- 2-6 **あなたの競合はどんなところ？** …… 061
  - 1 自分たちが気づいていない競合を見つける …… 061

- **2** お客様によって競合は変わる……062

2-7 価格を比較してみよう……064
- **1** 価格も1つのメッセージ……064
- **2** 価格比較事例（インクナビ）……064
- **3** 値上げは悪いことではない……067

2-8 コンテンツを比較してみよう……068
- **1** なぜ伝わらないのか……068
- **2** コンテンツ比較事例（近江牛.com）……068
- **3** コンテンツ比較事例（ファクタス・オム）……071

2-9 結果をまとめてみよう……072
- **1** 戦略キャンバス……072
- **2** 戦略キャンバスの書き方……073
- **3** 戦略キャンバス事例……074
- **4** 新たな価値の創出……075

第3章
集めるから集まるへ
―― シンプルなSEOの考え方と、
SEMを中心としたユーザーシナリオ分析

3-1 SEO対策はシンプルに考える……078
- **1** 「集まる」サイトを目指す……078

3-2 「集客力」はサイトを作る前が勝負……080
- **1** サイトを制作後にSEO対策を考えても遅い……080
- **2** 「集める」のではなく「集まる」サイトへ……080

3-3 ニーズ調査①：来てほしいユーザーを決める……082
- **1** ターゲットユーザーを属性で考えない……082
- **2** ユーザーニーズの調べ方……083

3-4 ニーズ調査②：キーワードは「群」で見る……084
- **1** キーワードから見えてくるもの……084
- **2** ユーザーニーズをふるいにかける……084

3-5	コンテンツ作り：ユーザーはコンテンツに集まる……086
	1　アクセス対策のためのコンテンツは必要無い……086

3-6　**サイト構造：ユーザーが離れていかないナビゲーション**……088
　1　どのユーザーに何を見せるのかを考える……088
　2　ユーザーを迷わせない4つのナビゲーション……088

3-7　**SEO対策：SEO対策を「捨てる」**……091
　1　必要なSEO対策はシンプル……091

3-8　**SEO対策で重要なたった1つのこと**……093
　1　タイトルは3Cを意識する……093
　2　タイトルにはキーワードを入れる……095
　3　クリックされなければ意味がない……095
　4　指名検索されるサイトを目指そう！……097

3-9　**それでもSEO対策が気になるあなたに**……098
　1　疑り深い人たち……098
　2　誤解① SEO対策には裏技がある……098
　3　誤解② 誰もが同じ検索結果を見ている……099
　4　誤解③ 上位表示されれば売り上げが上がる……100

3-10　**1人のユーザーと出会うためのSEO対策**……101
　1　1人にフォーカスしよう……101
　2　新しいSEM……102

第4章
これからの
リスティング広告
──自動化とテストマーケティングの時代

4-1　**リスティング広告は完璧を目指すとキリがない**……104
　1　完璧を目指すとやることが増えすぎる……104
　2　これからは新しい考え方で取り組む必要がある……105

4-2　**リスティング広告は本当に必要？**……107
　1　リスティング広告の変化と現状……107

- 2 現代のリスティング広告の本質……108
- 4-3 **運用をやめる**……110
  - 1 手動管理をやめて自動化の技術を活用する……110
  - 2 過度な最適化はやめる……112
- 4-4 **リスティング広告だけで解決しようとしない**……114
  - 1 リスティング広告よりも値下げ……114
  - 2 値上げによる成果改善……116
- 4-5 **コンバージョン率が上がってコンバージョン単価が下がる**……118
  - 1 コンバージョン率とコンバーション単価……118
  - 2 リスティング広告以外でコンバージョン数を改善する……118
- 4-6 **成果よりも調査が重要**……120
  - 1 リスティング広告の成果は出にくくなっている……120
  - 2 リスティング広告は調査の目的で使う……121
- 4-7 **リスティング広告を活用した調査手法**……123
  - 1 Google AdWordsを使用する……123
  - 2 結果を分析する……125
- 4-8 **リスティング広告だけで改善するのをやめる**……127
  - 1 改善ポイントは2つある……127
  - 2 ユーザーのシナリオを考える……127

第5章
戦略コンテンツとガイドコンテンツ

- 5-1 **本当に必要なコンテンツ作りに集中する**……130
  - 1 取り組むべきことを見極めよう……130
- 5-2 **コンテンツの役割**……132
  - 1 コンテンツはメッセージを伝える……132
  - 2 メッセージを伝えるコンテンツの事例……133
- 5-3 **戦略コンテンツ**……135

もくじ

- 1 戦略コンテンツとは……135
- 2 戦略コンテンツの事例……136

5-4 サイト以外にも使えるコンテンツ……139
- 1 良いコンテンツは使い回すことができる……139
- 2 印刷物への流用事例……140
- 3 プレスリリースへの活用事例……142
- 4 無理だとあきらめず、コンテンツ作りにチャレンジしよう……144

5-5 誰のためのコンテンツ？……145
- 1 SEOのためのコンテンツはいらない……145
- 2 お客様を満足させるコンテンツの事例①……146
- 3 お客様を満足させるコンテンツの事例②……148

5-6 ガイドコンテンツ……151
- 1 ニーズをウォンツに高めるコンテンツ……151
- 2 お客様の視点に立ったコンテンツ……152
- 3 ガイドコンテンツの事例①……153
- 4 ガイドコンテンツの事例②……155

5-7 伝わるコンテンツの表現……158
- 1 「テキストは読んでもらえない」を前提に……158
- 2 写真はサイトの印象を決める……160
- 3 イラストの活用……162
- 4 UXデザインを活かしたコンテンツ……162
- 5 動画の価値……165
- 6 最適な方法で伝わるコンテンツを作ろう……168

第6章
売れるウェブデザインは戦略を映している

6-1 「売れる」デザインとは？……170
- 1 ユーザーが見ているものは、表層ではなくメッセージ……170

6-2 ウェブデザインは「飾り」ではない……172

1　ウェブデザインは「使う」もの……172
　　　2　ユーザーエクスペリエンスデザイン（UXD）……173
　　　3　ウェブサイトの5階層概念モデル……177
6-3　**小島屋での購入体験（UX）事例**……183
　　　1　小島屋の3C……183
　　　2　ニーズの段階で振り分ける構造設計……184
　　　3　トップページのキービジュアル……185
　　　4　トップページの骨格……187
　　　5　デザインしているのは、購入体験……193
6-4　**ユーザー目線の構造設計**……194
　　　1　良いサイトは、サイト構造を思い描ける……194
　　　2　情報を整理して、ユーザー中心の設計を……197
　　　3　中身が先、器は後……197
6-5　**誰が利用するかで、骨格は変わる**……199
　　　1　骨格のキモはナビゲーション……199
6-6　**戦略を活かす表層**……205
　　　1　戦略が変われば、メッセージも変わる……205
　　　2　ヤマキイチ商店：トップページ全体の改善……207
6-7　**引き算する勇気**……216
　　　1　あれもこれもになっていないか……216
　　　2　引き算3つのコツ……216
　　　3　引き算の実例……220
6-8　**ゴールは戦略の実現**……225
　　　1　サイトは運用して成果を得るもの。だからこそシンプルに……225
　　　2　共有と体験が防ぐロス……226
　　　3　デザインの言語化がロスを防ぐ……226

おわりに……228
謝辞……229

第1章

戦略でマーケティングのすべてが変わる

1-1 あなたのウェブマーケティングが成果につながらない理由

1 成果が出ないのはなぜ？

「毎日一生懸命ウェブマーケティングに取り組んでいる。でも成果が出ない。集客のためにSEOを頑張っているけど、ビッグキーワードでの検索順位は上がらないし、スモールキーワードで少し上位が上がっても訪問数は増えない。

だから、リスティング広告を出稿するしかないけど、クリック単価が高すぎて、CPA[※1]が高くなって、結局赤字になってしまう。最初はテストということで許してもらえたけど、だんだん予算が絞られて、結局出稿量が限られてきた。

メールマガジンでリピーターを増やそうとも思ったけど、もともと購読者数が少ないから大きな成果は見込めない。それでも頑張って毎週発行しているけど、むしろメールマガジンからの訪問者は減少気味。発行しすぎて、逆に読者離れを起こしているのかもしれない。

こうなったら、今はやりのコンテンツマーケティングだ。頑張ってブログを書き続けよう。きれいな写真も撮ってみた。これでお客さんに商品やサイトの魅力を感じてもらえたら良いのだけど。

でも、もう3カ月も頑張っているのにGoogleアナリティクスのデータには何の変化も見られない。もっと時間をかけて、やり続けるべきか、それとも他に方法を探すべきか……」

——こんなとき、あなたならどうしますか。ブログを書き続けますか。リスティング広告のテコ入れを考えますか。Googleアナリティクスを使って、データ分析から何か良い改善案を考えますか。

おそらく、いずれの方法でも効果はありません。なぜなら、本当の原因は「戦略が無いこと」だからです。言い換えれば、インターネット上で「選ばれる理由」が無いのです（**図1**）。

※1 成果1件あたりの広告費のことです。

1-1 あなたのウェブマーケティングが成果につながらない理由

図1 戦略が無いままあれもこれも行うのは無理

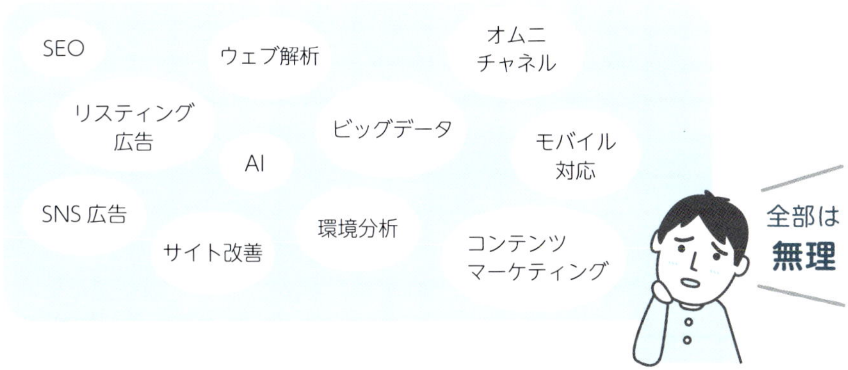

SEO　ウェブ解析　オムニチャネル　リスティング広告　ビッグデータ　AI　モバイル対応　SNS広告　環境分析　サイト改善　コンテンツマーケティング　**全部は無理**

2　対処療法から根本治療へ

　しかし、「選ばれる理由」を作ることは簡単ではありません。簡単に真似されない強みを作ろうとすれば、何年もかかるでしょう。「そんなに待てない」という方もいるでしょう。けれども、もう選択肢は1つしかありません。やるしかないのです。対症療法ではなく、根本治療に取り組むときです。正面から「選ばれる理由」を作るところから始めましょう。

　本章では、戦略の重要性と、戦略立案の方法をご紹介します。また、具体的に、捨てるべきこと、取り組むべきこととして、以下の提案をします。

捨てること
- 短期利益を捨てる
- 部分最適を捨てる
- お客様の7割を捨てる

取り組むこと
- 戦略立案に取り組む
- 一気通貫に取り組む
- 選ばれる理由（商品／サービス）作りに取り組む

1-2 インターネットが競争のルールを変えた

1　超競争社会

　ある不動産屋さんがウェブサイトを作りました。そこには「駅前にあります」ということが大きく書かれていました。駅前にあることで、お客様に選んでもらえるだろうと考えたからです。しかし、このウェブサイトでは、成果は出ません。なぜなら、駅前にあることはもう「選ばれる理由」ではないからです。

　かつて、不動産屋が扱っている物件情報はほとんど同じでした。だからこそ、便の良い駅前にあることが「選ばれる理由」でした。

　しかし、今は違います。消費者は、まずネット上で良い物件を探し、その物件を扱っている不動産屋であれば、多少交通の便が悪くても足を運びます。それよりも、インターネット上で比較検討したときに、他の不動産では扱っていない、魅力的な物件を扱っていること、それが新しい「選ばれる理由」なのです。今、すべての業界で同じような変化が起こっています。

　ウェブマーケティングで大きな成果を出すためには、前提として「選ばれる理由」が必要です。もともと売れない商品やサービスをどんなにウェブサイトで紹介しても、やはり売れないのです。

　インターネットが無かった頃、消費者が情報を手に入れる手段は限られていました。テレビ、ラジオ、新聞、雑誌、地域情報なら電話帳、企業なら展示会くらいです。マスメディアの情報のほとんどは大企業が発信しており、情報を発信できる大企業が、常に競争に有利でした。

　しかし、インターネットが登場し、徐々に小企業や一部の先進的な個人が情報を発信するようになりました。その後、ブログやSNSが一般的になり、今では、インターネット上の情報のほとんどは、一般消費者が発信するものです。

　つまり、情報の発信者は、大企業から個人に移ったのです。情報の流れが逆転したのです。その結果、売り手の情報を頼りにモノを買っていた消費者は、今で

は同じ消費者の発信する情報を参考にモノを買っています。もはや企業は消費者を欺くことはできません。消費者に「選ばれる理由」なくしては、商品、サービスを選んでもらえないのです。

　欲しい情報、欲しいモノが明確なとき、消費者は検索エンジンを利用するようになりました。検索をすると、同じ商品を売っているウェブサイトのリストが簡単に手に入ります。同じような価値を提供するウェブサイトがたくさん並んだとき、消費者はその中からさらに絞り込みが必要になりました。つまり、同じような商品の中から、もう一段の絞り込みをするために、新たな付加価値、特徴づけ、差別化を求めるようになったのです。これは、従来とは異なる、新しい、明確な「選ばれる理由」が必要になったということです。これこそが、インターネットの登場によって、「競争のルールが変わった」といわれるゆえんです。「情報の流れる方向」の変化に加え、インターネットによってもたらされた大きな変化がもう1つあります。それは、「競争のルール」の変化です。

2　選ばれる理由

　「選ばれる理由」とは、集客力のことでも、ウェブサイトのデザインのことでもありません。販売プロセスに関係なく、お客様が価値を感じる商品、サービスの本体のことです。ウェブマーケティングに取り組む前に、まずは価値を創れ！ということです。

　「選ばれる理由」が無ければ売れない、と解説しましたが、これは見方を変えれば、「選ばれる理由」さえあれば、ネットマーケティングがうまくなくてもたくさん売れる、ということなのです。今や情報発信の主役は消費者です。誰かが見つけた「選ばれる理由」はいつしかネットに反映されます。ネットに反映されれば、自然と拡散され、いつしかマスメディアにも知られることとなります。リアルで評価されているものは、自然とネットでも評価される。ネットはリアルの影なのです（**図2**）。集客で競争する時代は終わりつつあるのです。だからこそ、「選ばれる理由」を創ることにフォーカスしましょう。

　それでは、「選ばれる理由」を作るためにはどうすれば良いでしょうか。まず

はお客様を知ること、競合を知ることです。お客様に会い、どんな価値を求め、何を購入しているのか、使用して満足しているのかを知ることです。また、競合の店舗を訪問し、競合の商品、販売方法、お客様はどんな人かを知るのです。「現地」「現物」「現人」に触れることです[※2]。つまり、アナログ、リアルの活動が必要です。ネット上でも得られる情報はありますが、本当にお客様が何を考えているのか、文字や写真では伝わらない生の一次情報をたくさん手に入れましょう。あなたの中に、生き生きとしたお客様像、競合像がイメージできるようになれば、おのずと「選ばれる理由」を作るアイデアが浮かんでくるでしょう。

図2 ネットはリアルの影

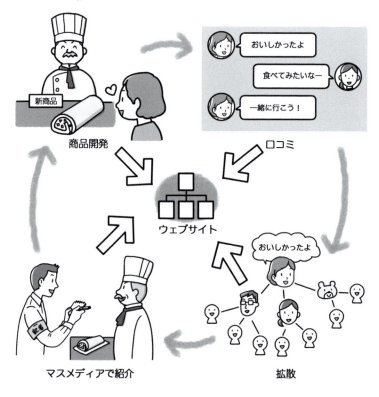

※2　詳細は第2章051ページを参照。

例えば、近江牛を販売している『近江牛.com (http://www.omi-gyu.com/)』は、牛肉としては斬新なギフトパッケージを開発することで、ギフト用の牛肉としての「選ばれる理由」を確立しました[※3]。

引き出物通販サイトの『エンジェル宅配 (http://www.angelexpress.jp/)』は、持ち込んだ商品を何でも引き出物と一緒に送ってあげる同梱宅配サービスに事業転換し、ヒットしています[※4]。

アイデアそのものはちょっとしたことですが、これに気づけるのはお客様をよく理解していたからです。しかし、気づいてもやり遂げるのは簡単ではありません。事業として成り立つまでには、何年もかかるような取り組みです。けれども、それをやり遂げなければ生き残ることはできません。すべての企業が、これから長く険しい旅をしなければならないのです。だからこそ、少しでもそのリスクを減らすために、「選ばれる理由」を作るまでの道のりを描いた地図、「戦略」が必要なのです。

※3　詳細は第2章068ページを参照。
※4　詳細は第2章074ページを参照。

1-3 戦略は一番大きな地図

1 荒野を走り抜くには準備が必要

　車で荒野を走って、数十日かけて数万キロ先の街に向かうことを想像してみてください。愚直にまっすぐ街に向かったら、途中でガソリンが切れてしまいます。向かう道のりで、何度も給油が必要です。必ずしも必要なときにガソリンスタンドがあるとは限りませんから、ガソリンスタンドがある場所を先に調べておいて、そこを経由しながら街に向かったほうが良いでしょう。しかし、ガソリン切れを気にしすぎて、あまり多くのガソリンスタンドを経由しても、遠回りになってしまいます。また、極端な場合、ガソリンが切れることを恐れすぎて、ガソリンスタンドから遠くに離れる勇気がなくなってしまうことさえあります。できるだけ給油の回数は減らしながら、極力まっすぐゴールに向かいたい。効率を上げてゴールにたどり着くため、また、失敗を恐れて行動を止めないためにも、最初にゴールまでの道筋を見通しておく必要があります。

　今持っているガソリンでどこまで行けるのか、次はどのタイミングで、どの場所で給油をするのか。もし思ったより早くガソリンが切れたらどうするか。不慮の事故で車が故障したらどうするか。いろいろなことに配慮しつつ、それでも極力遠回りをしないように、できるだけまっすぐゴールに向かう手順。それがあるか否かでそのリスクや効率は全く違うのです。また、その手順を決めて、安心できればこそ、旅立つ勇気もわいてくるものです。

　経営も同じです。経営とは、「経営資源＝人物金（ヒトモノカネ）」というガソリンを使って、それぞれの企業のビジョンという遠くの街を目指すことです。まっすぐ向かうと資源が足りず、ゴールに届くことができません。常に資源を追加調達しつつ、段階的にゴールに近づいてゆく。その手順を大まかにまとめた地図、それが戦略です。

2　戦略なんていらない？

「戦略なんて無くても経営できる」という方もいます。そう思うのは、事業の成長や継続を考えていないからでしょう。「散歩に出て富士山に登る人はいない」という言葉があります。近所をうろうろするだけなら、普段どおりの服装、所持品でも良いですが、富士山に登るのに普段どおりの格好、普段どおりの装備では危険です。

例えば、仕入れルートも無いうちに飲食店のチェーン展開をしたり、デザイナーもいないのにファッション事業を始めたり、ノウハウも無いのに教育事業を始めたり……。何の準備も無く事業を始めても、失敗することは目に見えています。

もちろん、すべての準備が整ってから始めるのは不可能です。それでも、事業を成功させるためには何が最も重要で、失敗する可能性はどこにあるか、そのくらいのことは考えておきましょう。どこにリスクがあるかが想定できていれば、何か問題が起きた場合でも、こういう方法で切り抜けよう、という逃げ道[※5]を準備しておくこともできます。

また、経営環境は変わります。「うちは大丈夫」と思っている方でも、いつしか自分たちのいる業界が変化し、そのままでは食べていけなくなる日が来ます。そうなる前に、常日頃から戦略を考えておかないと、気づいたときにはもう手遅れかもしれません。

しかし、この戦略立案、実際にやってみると、想像の上に想像を積み上げていくような作業です。「単なる妄想ではないか」「こんなことをやっても意味が無いのではないか」、そう思うことがあるでしょう。確かに、頭の中で空想しているだけでは現実味がありません。だからこそ、この妄想に現実味を持たせるために、調査分析が必要になります[※6]。お客様や競合の本当の状況を把握し、これからどうなるのか、それなら自分たちはどうしていけば良いのかを想像し、何度も何度も戦略を練り直し、仲間に信頼される戦略に磨き上げていくのです。

※5　戦略オプション：戦略がうまくいかなかった場合の別の選択肢のことです。
※6　第2章参照。

1-4 絞り込め！

1 フォーカス＆ディープ

　戦略とは、ゴールまでの地図です。遠くに行こうとすればするほど、やったことが無いことをやろうとすればするほど、心配ごとは増えます。「これもあったほうが良いのでは」「それをいうならこれも必要でしょう」……そうやって、必要なもの、やっておいたほうが良いことがどんどん増えていきます。こんな話、どこかで聞いたことや見たことがありませんか。そうです、ウェブマーケティングも同じです。

　しかし、そこをぐっとこらえましょう。戦略を描くときのポイントは、「これもあったほうが良い」を捨てること。経営資源は限られています。捨てて、捨てて、あきらめて、あきらめて、その分浮いた時間やお金を一番重要なものに突っ込むのです。戦略を立てるとは、この、捨てて、あきらめて、確保した資源を一点に突っ込む、の繰り返しです。これを フォーカス＆ディープ といいます（**図3**）。自分たちの所有する資源だけでは到達できない大きな目標に向かっているときこそ、このフォーカス＆ディープが重要です。

図3 大学受験のフォーカス＆ディープ

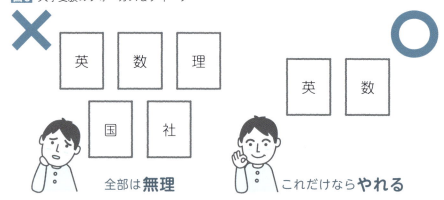

2　大きく捨てる

　フォーカス&ディープの第一歩は、大きく仕事を捨てること。そして、確保した時間やお金、人手を重要な施策に集中させることです。ウェブマーケティングを捨てて商品開発に集中する。ウェブサイトリニューアルに集中し、その間は集客をストップする。「それを止めて大丈夫？」というくらいの大胆さが必要です。

　「でも、そんなことをしたら、売り上げが落ちてしまう」、そう思うでしょう。そのとおりです。戦略とは、長期の成果のために、短期の成果を犠牲にすることです。これを短期利益と長期利益は対立するといいます。目先のことにとらわれず、将来のための仕組みを作り、将来の利益の最大化を狙うのが戦略です。

　筆者の会社、ゴンウェブコンサルティングでは、新規事業としてism事業を始める際に、サービス立ち上げのための人手が明らかに足りないことに気づきました。それからismサービスをスタートするまでの約5カ月の間、毎月の売り上げ目標を採算ラインの60％に引き下げ、従来のコンサルティング業務の受注を停止し、あえて赤字を出し、空いた人手をism事業の準備に当てました。その時の赤字を返済するのに4年間かかりましたが、スムーズに新しい事業の立ち上げをすることができました。

　目先の売り上げのためにセールイベントを繰り返しているような方は、すぐにやめたほうが良いでしょう。それによって利益を得ているつもりが、実は長期の利益を生むチャンスを逃してしまっているかもしれません。

　特に創業時や、新規事業の立ち上げ時は、何も無いところからお城を建てるようなものです。何も無い、というのは、人手や、お金が無いだけではありません。木材も金槌も釘も無いのです。最初はお城を建てるどころか、求人や、材料を調達するためのお金を稼ぐことに時間をかけなければなりません。経営とは、常に資源が不足している中での課題解決の繰り返しなのです。

　うまくやるより、やらずに捨てる。その判断が、経営者にとって最も重要な仕事です。

　「大きく捨てるのはわかったけど、何を捨て、何に取り組んだら良いの？」——そのために必要な2つの視点が長期の視点と、全体の視点です。

1-5 長期の視点

1 短期利益と長期利益は対立する

　効率の良い経営とは、競合他社よりも効率良く利益を生む仕組みがあるということです。その仕組みを積み上げていくことで、同じことをやっても、今年よりも来年（もしくは数年後）はもっと利益が出る、それが良い経営です。毎日その日の売り上げを最大化しようとすることは、長期で考えると、実は効率が悪いのです。その日、その年の利益をある程度制限してでも、**長期に貢献してくれる仕組みへの投資を繰り返すことが、長期の利益を最大化すること**です。だからこそ、捨てるか、取り組むかの判断には、長期の視点が必要です。

　例えば、あるネットショップは母の日のセールで1,000万円の売り上げがありました。しかし、セールなので、最終利益は5%の50万円しか残りません。

　これに対して、母の日のセールには目もくれず、その間に定番商品を売るための商品ページを改善したとします。そこから得られる売り上げは毎月50万円にすぎませんが、利益率は10%の5万円でした。継続的に売れる商品なので、1年間で売り上げ600万円、利益60万円になります。定番商品なので、3年売り上げが維持できれば、売り上げ1,800万円、利益180万円です（**図4**）。

　一見小さな仕事でも、長期的に効果が出るものを優先しましょう。それが正しい仕事の選び方です[※7]。

　ネットショップ業界など、新しい業界では、しばらくは市場の成長期が続きます。その間は追い風で、何をやってもある程度の売り上げ利益が得られます。しかし、短期的な利益ばかりを追いかけているうちに競合が増え、追い風がやみ、いつの間にか向かい風の状態になってきます。その状態が続くと、競争が激化し、同じことをやっても同じ利益は得られなくなります。これまで薄利だったビ

※7　母の日セールの内容を定番化し、10年使い回す、という発想はアリです。ただし、10年耐えられる商品、コンテンツが必要です。

図4 長期の視点

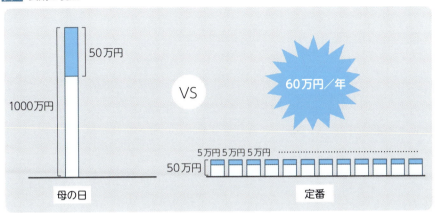

ジネスはすべて赤字にひっくり返ります。そして、その分の利益を埋め合わせるためにますます忙しくなり、ますます長期の利益を生む仕組み作りが遠のいてしまうのです。そしていつの日かビジョンも見失い、目先の利益を追いかけ、生き残ることだけが目的の「生ける屍」のような会社になってしまいます。そうならないためには、追い風のときに油断せず、**短期の利益を捨てる**ことです。追い風による利益は、自分だけが獲得できるものではないことに気づきましょう。

　基本的に、短期利益と長期利益は対立します。**時間が最も希少な資源**であり、短期利益のための取り組みと長期利益のための取り組みは、時間を奪い合います。目先の利益を追いかけすぎると、未来をよくするための時間が失われていくのです。だからこそ、短期利益の追求は最小限にとどめ、強引にでも未来の利益のための仕組み作りに着手しなければなりません。

　繰り返しますが、**一番の希少資源は時間**です。短期利益が得られることがわかっていても、あえてそれを捨てる覚悟が必要です。そこで得た時間をより長期で効果のある施策に使い、長期利益を積み上げていく。ビジョンを実現するための時間をつかみ取るのです。長く利益を生むためには、1年単位で事業を考えず、5〜10年で考える、**長期の視点**が必要なのです。より長期の投資をするほど、事業効率は上がります。しつこいようですが、それだけ重要なことです。

2 重要度と緊急度

「長期の取り組みをしたいけど、目先の仕事で忙しい」、そんな方が多いと思います。そういう方に限って、重要なタスクが何年間も塩漬けになっているものです。

スケジュール管理のマトリクスというものがあります（**図5**）。タスクを重要度と緊急度の2軸で4つに分類し、取り組む優先順位を付けるというものです。重要度も緊急度も高い仕事Aから着手するのは当たり前ですが、迷うのは、重要度が高い仕事Bと、緊急度が高い仕事Cのどちらを優先するか。そういうときは、重要度の高い仕事Bを優先しましょう。ドラッカーは「最も重要な仕事以外はやるな」といっています。常にそのとき最も重要な仕事だけをやり、それが終わったら、あらためて仕事の順位を見直して、最も重要なことだけをやる、それが正しい優先順位付けです。

図5 スケジュール管理のマトリクス

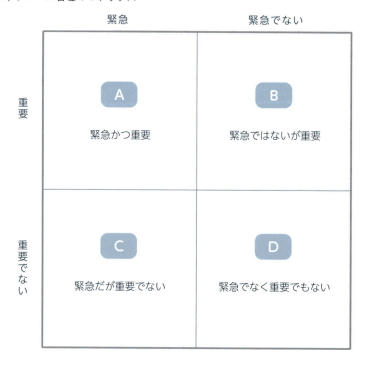

3 決算書にふりまわされるな

　多くの経営者は、決算書を自分自身の経営の成績表と考えています。決算は1年単位で行うことになっていますが、はたして1年間で成績を判断するというのは正しい考え方でしょうか。決算を重視しすぎて、毎年黒字じゃないと良くないと考える方が多いと思います。そういう方は、黒字を維持するために、毎年緊急度の高い仕事ばっかり取り組んでしまいます。しかし、筆者は、あえて赤字を作る覚悟が必要だと思います。そもそも、決算はなぜ月次ではなく、年次なのでしょうか。3年単位、5年単位、10年単位ではだめなのでしょうか。そこに本質的な意味は無いでしょう。

　経済産業省の統計[※8]によれば、企業の93％は10年以内に廃業するそうです。つまり、10年単位で成績を付けるなら93％の企業は落第です。筆者は1年や2年赤字が続いても、10年続く企業のほうが優秀であると考えます。短期利益を捨てることで、その分長期の利益を得られる仕組みを作り、10年単位で見たら利益の出る企業になっている。それが理想的だと思います。

　そのためには、毎年黒字にしようとしないこと。黒字にするためには、1年以内の成果が求められます。これが経営を圧迫しています。大きく変化するときは、1〜2年は計画的に赤字を出しながら、数年がかりの仕組み作りをする。目先の浮わついた利益を追って数字を埋め合わせても仕方がありません。実力だけで勝負できるときまで、赤字を覚悟するのです（**図6**）。

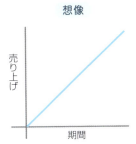
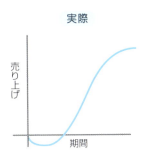

図6　成長曲線

※8　出典：中小企業白書 2006年版「開業年次別 事業所の経過年数別生存率」

1-6 全体の視点

1 全体の効率を考える

　ウェブマーケティングの技術はますます高度化しています。検索エンジンのアルゴリズムは複雑になりました。リスティング広告の機能も高度化しました。Googleアナリティクスの機能もますますリッチになっています。ソーシャルメディアの活用、モバイルサイトの対応。やることは盛りだくさんです。1人のウェブマスターがすべてに対応するのはもう無理です。分業しましょう。

　しかし、気をつけてほしいのは、目的と目標を取り違えないこと。言い換えるなら、戦略実現のためのマーケティングであることを見失わないことです。一つひとつのマーケティング手法はあくまで目的達成のためのプロセスの一部です。どんなに集客ができても、どんなにウェブサイトを分析しても、成果につながらないなら意味がありません。すべては成果を上げるためにあります。

　最近でいえば、集客を目的として、ウェブライティングで訪問者数やページビュー数を増やすという施策があります。サイトユーザーが関心を持ちそうなキーワードでたくさん記事を書けば訪問者が増えるのはそのとおりです。しかし、トラフィックは2倍になったのに、売り上げは横ばい、ということがよくあります。結局、上位表示しやすいキーワード、集客しやすいキーワードは、競合がいないキーワードです。競合がいないのは、売り上げにつながらない、価値の低いキーワードであることが多いのです。集客がゴールではなく、その後販売、受注につなげる、という視点があれば気づけたはずです。

　ウェブ解析をして、小さなものから大きなものまで、たくさんの改善点を提案したとします。しかし、それを承認するにも、実施するにも、検証するにもコストがかかります。トータルコストを考えて、それでもやるべきものがどのくらいあるでしょうか。全体で考えると、ウェブ解析からの改善は大きなコストがかかり、ほとんどの場合、やらないほうが良いものなのです。現実的には、それより

も経験豊富なマーケターの意見を尊重したほうが成果が出ます。

　このように、集客の担当者、ウェブ解析の担当者、それぞれの役割としては正しいようでも、会社全体として成果に貢献しない仕事というのはたくさんあります。自らが与えられた役割の範囲だけで物事を考えてはいけません。目標ではなく、目的を見て仕事をしましょう。仕事の効率を上げるのに、一番効果的なのは、何をやり、何をやらないか、という判断です。長期の視点だけでなく、全体の視点が必要です（**図7**）。

図7　自分だけではなく、全体の効率を考える

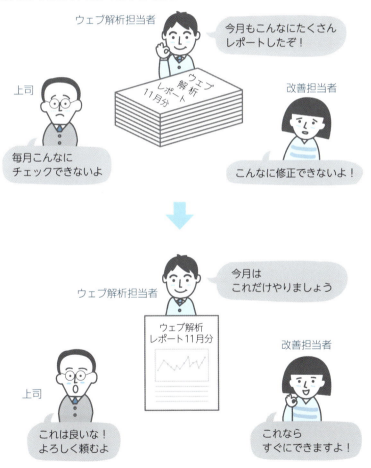

1-7 戦略を3Cで整理する

1　3Cフレームワーク

　実際に戦略を立案する方法の1つ、「3Cフレームワーク」をご紹介します。3Cフレームワークとは、お客様（Customer）、自社の特徴（Company）、競合（Competitor）の3つの関係を整理し、自社に「選ばれる理由」があるかどうかを確認するフレームワークです（**図8**）。

図8 3Cフレームワーク

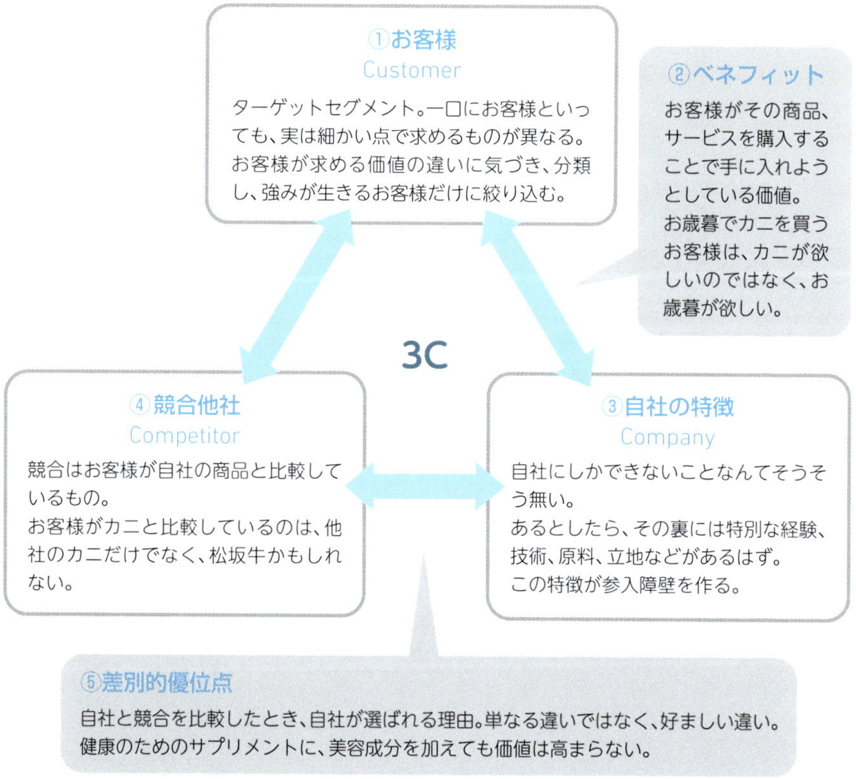

①お客様　Customer
ターゲットセグメント。一口にお客様といっても、実は細かい点で求めるものが異なる。お客様が求める価値の違いに気づき、分類し、強みが生きるお客様だけに絞り込む。

②ベネフィット
お客様がその商品、サービスを購入することで手に入れようとしている価値。お歳暮でカニを買うお客様は、カニが欲しいのではなく、お歳暮が欲しい。

④競合他社　Competitor
競合はお客様が自社の商品と比較しているもの。
お客様がカニと比較しているのは、他社のカニだけでなく、松坂牛かもしれない。

③自社の特徴　Company
自社にしかできないことなんてそうそう無い。
あるとしたら、その裏には特別な経験、技術、原料、立地などがあるはず。
この特徴が参入障壁を作る。

⑤差別的優位点
自社と競合を比較したとき、自社が選ばれる理由。単なる違いではなく、好ましい違い。
健康のためのサプリメントに、美容成分を加えても価値は高まらない。

1-7 戦略を3Cで整理する

　戦略をまとめるためのフレームワークはいろいろとありますが、インターネットの登場によって超競争社会となった現代の戦略をまとめるなら、3Cが一番良いと思います。なぜなら、3Cは、強烈に競合を意識するフレームワークだからです。

　事業を営んでいると、顧客とコミュニケーションする機会はありますし、当然自社のことはある程度は知っています。しかし、競合のことは意識して調べない限りわかりません。「競合のことなんて気にしない」という方もいるでしょうが、インターネットがある現在、お客様は検索結果などをきっかけに、必ず競合と比較しています。そのとき、「選ばれる理由」があるかどうか。これを議論するのが3Cフレームワークです。

　3Cでは、3つのCの他に、ベネフィットと差別的優位点という、2つの価値について考えます。ベネフィットとはお客様が求める価値、差別的優位点とは競合との好ましい違いです。

　この「ベネフィットを満たしながら、差別的優位点もある」という状況が、3Cが成立する状況です。3Cが成立していれば、そのお客様から見て、「選ばれる理由」がある、ということです。「この会社は私が求めている価値を提供してくれる。そして、同じ価値を提供してくれる他社と比較して、〇〇な点でより良い」、そう思ってもらえるということです。そうなれば、後はその3Cがお客様に伝わるようなマーケティングをしていけば良いのです。

1-8 価値を絞り込む、お客様を絞り込む

1 お客様の求める価値によって戦略が変わる

　もう少し詳しく3Cについて考えてみましょう。まずはベネフィットとお客様について考えます。

　お客様、というと、ついつい自社の商品を買ってくれそうな人が全員お客様と考えがちです。例えば、コーヒー豆を売っているなら、コーヒーを飲む人がお客様、と考えるでしょう。しかし、コーヒー豆を売っているお店はたくさんあります。その中で、現実的に自社でコーヒー豆を買ってくれる人は絞り込まれます。例えば、お店の近くに住んでいる人、高くてもおいしい豆を探している人、当社の人気商品である苦い深煎りローストが好きな人、などです。このように、その商品を買ってくれそうな見込み客の中でも、実はいろいろ欲求を持った方がいるのです。求める価値によってお客様を分類し、その中で、ある程度自社の強みと相性の良い特徴を持った人だけを絞り込んで、本当の見込み客（ターゲット）と考えます。このようにお客様を分けて考えることを「セグメンテーション」、その中でも特定のお客様を狙うことを「ターゲティング」といいます。

　例えば、ネット通販でコーヒー豆を売っている場合、「コーヒー豆　通販」と検索している方をターゲットとするのはいまいちです。なぜなら、コーヒー豆を買いたい方にも好みがいろいろあり、その全員に自社のコーヒー豆が好まれるとは限らないからです（**図9**）。

　そこで、自社のコーヒー豆の特徴を考え、相性の良いお客さんを想像します。自社の「苦いコーヒー」が特徴的で人気の商品なら、「苦いコーヒー　通販」と検索する方とは相性が良いでしょう。そう考えると、自社の見込み客は「苦いコーヒーが欲しい人」となるわけです（**図10**）。

　今の例では、お客様が求める価値を「苦いコーヒー」という味わいで絞り込みました。しかし、もっと掘り下げてみると、お客様が求めているのは本当に「苦い

コーヒー」という味わいでしょうか。実はお客様が求める価値であるベネフィットは、それほど単純なものではないのです。考えれば考えるほど深いのです。

例えば、「コーヒー通販」と検索しているお客様が欲しいのは、本当にコーヒーでしょうか。実は、お中元を贈るために何かを探しており、その候補の1つとしてコーヒーを探しているだけかもしれません。欲しいのはコーヒーではなく、「お中元 ＞ 食品 ＞ ドリンク ＞ ホットドリンク」と絞り込まれてきたのかもしれません。そうだとしたら、お客様が求めているのは、お中元にふさわしいホットドリンクですから、コーヒーでなくても、紅茶でも、緑茶でも良いかもしれません。この段階で、味わいの訴求をしても、お客様には響かないかもしれません。それよりもギフトパッケージや、メッセージカードなどを訴求したほうが良いかもしれません。

このように、お客様が求める価値が何なのかによって、磨くべき価値も、訴求すべき強みも全く変わってきます。これをどこまで理解できるかが戦略立案のかなめです[※9]。

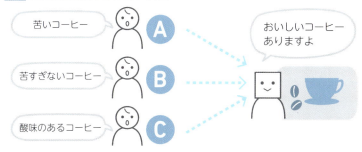

図9 全員に選ばれることはできない

図10 自社の強みが生きるセグメント

※9 「2-3 あなたのお得意様はどんな人？」参照。

1-9 競合と差別的優位点

1 「ユーザーが求める他の価値」を考える

　競合というと、同じものを売っているお店と考えがちですが、そうではありません。先ほどの例のように、コーヒーの競合が、紅茶や緑茶であることもあります。つまり、競合とは、ターゲットユーザーが比較しているもののことです。そういう意味では、競合には常にバリエーションがあります。ニーズ段階のお客様が比較する競合と、ウォンツ段階のお客様が比較する競合です[※10]。それらの競合と比較されたときに、自社が選んでもらえるとしたら、他社との違いが、ユーザーにとって「好ましい違い」だったということです。それが差別的優位点です。差別的優位点は、「単なる違い」ではなく、「好ましい違い」です。

　例えば、美容サプリメントに、他社の商品には含まれていない肌がきれいになる美容成分が入っていた場合、それは「好ましい違い」です。美容サプリメントを飲む方は、きれいになりたいからです。しかし、健康サプリメントに、美容成分が入っていても、それは好ましい違いではありません。健康サプリメントを飲む方は、きれいになりたいわけではないからです。他社との違いではあっても「好ましい違い＝差別的優位点」とはいえないのです。同じ価値でも、ある人にとっては価値であり、ある人にとっては価値ではない（もしくは害になることも！）ということです。商品開発においては、往々にしてこの失敗があります。「単なる違い」と「好ましい違い」の違いを意識してください。

　先ほどのコーヒーの例で考えましょう。「苦いコーヒー　通販」と検索するユーザーは、苦いコーヒーを販売するネットショップの一覧の中から購入先を探

※10　ニーズとウォンツ：「欲しい」という欲求にも段階があります。最初は「のどが渇いた」のように、「欠乏感＝ニーズ」と呼ばれる欲求です。のどが渇いているからのどを潤したいけれど、何によって潤すかは決まっていない状況です。それに対して、水、コーラ、ビールなどの候補を検討し、「水が欲しい」というように具体的に欲しいものが決まった段階の欲求を、「獲得欲求＝ウォンツ」といいます。「5-6 ガイドコンテンツ」参照。

1-9 競合と差別的優位点

そうとするでしょう。自社の特徴はおいしい「苦いコーヒー」でしたが、同じ価値を提供する競合と比較されたときに、それは「選ばれる理由」にはなりません。そんなときは、「ユーザーが求める他の価値（サブベネフィット）」を考えてみます。「苦いコーヒー」を買う人が求めているのは、コーヒーの苦いおいしさだけではありません。大勢で頻繁にコーヒーを飲む環境であれば、大量買いの割安なコーヒーを求めているかもしれませんが、自分1人でほっと一息つくときに飲むのであれば、個包装のほうが便利だと思うかもしれません（**図11**、**図12**）。

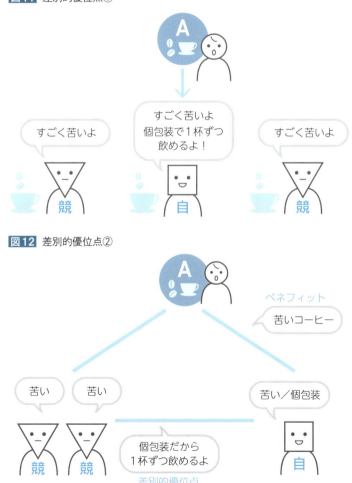

図11　差別的優位点①

図12　差別的優位点②

また、苦いコーヒーが好きなら、苦みと甘みの相性を楽しむために、スイーツも一緒に購入したいかもしれません。そう考えると、お客様はベネフィットだけを見て購入しているのではなく、実は多種多様な価値をミックスして評価していることがわかります。これらその他の価値の中で、特にお客様が重要視している要素、さらに自社が提供できそうな相性の良い価値を見つけ出し、それをかなえることで差別的優位点とするのです。コーヒーに美容成分が入っている、というのは「違い」ではありますが、「好ましい違い」ではないため、差別的優位点にはなりません。あくまで、ターゲットユーザーが商品比較時に求めている価値の中から、より重要なものを差別的優位点としましょう。

　この例ではネット通販の事例だったのでネットだけの競合を意識してお話ししました。しかし、今やお客様はネットに限らず、あらゆるメディアを総合的に活用しながら消費行動をとっています。いわゆる「オムニチャネル消費」です。

　ネットで商品を探しているシーンでも、必ずしもネットショップだけを比較しているのではなく、実店舗やカタログ通販などもあわせて比較しています。例えば、ネット通販でコーヒーを購入しようとしている人は、当然近所のコーヒー屋やスーパーのコーヒー豆も一緒に比較しているはずです。だからこそ、ネットでは一番というだけでは足りないのです。実店舗やカタログ通販、その他の媒体を通して同じ商品を提供している競合と比較されても選ばれるだけの「差別的優位点」が必要です。これを突き詰めていくと、最終的にはリアルも含めてオンリーワンの価値を提供しなければならないことに気づきます。

　オンリーワンということは、もはや仕入れ品の販売は成り立ちません。自社で商品を開発するか、何らかのサービスを開発しなければならないでしょう。ネットショップであれば、ほかでは売っていない珍しい味わいのコーヒー、例えば、スーパーで売ってもほとんど売れないような、特別に苦いコーヒーを開発して、ネットでごく一部の超苦いコーヒーファン（とはいってもネットショップなら日本中に売れるため、それなりの人数になる）に向けて販売するのも1つのやり方です。コーヒー豆を使った加工食品、飲料の開発や、特別なギフト向けパッケージを開発するなども良いでしょう。逆に、実店舗なら、商圏が近所に限られるため、コーヒーの配達サービスや、店頭での飲み比べ提供などのサービスを差別的

優位点とすることができるでしょう。

　このような、商品、サービスの企画をするときは、自社のお客様の消費行動全体を一度紙に書き出してみると良いでしょう。例えば、商品の情報を探すタイミングはどんなときで、ネットで探すのか、実店舗で探すのか、併用するのか。購入して、商品が到着したら、すぐに開封するのか。商品を使うときにほかに何か必要か（コーヒーならカップや砂糖など）。そのとき生じたごみは簡単に廃棄できるのか。使用後の保管はどうするのか。再購入はどうするのか。ギフトで利用する場合はあるのか。ユーザーの購入体験、利用体験全体にわたって思いを巡らせ、それぞれのシーンで生じるニーズを明らかにして、そのニーズにこたえるための商品、サービスを開発するのです。

　このとき、簡単に実現できることなら、競合にも簡単に真似されます。真似するのが難しいことは、開発に時間がかかります。ネット上で比較されても、オンリーワンといえる特徴を作ることは簡単ではないのです。だからこそ、最初から長期で取り組む覚悟が必要であり、長期で取り組むからこそ、長期の見通しを立てる必要があります。それが戦略です。

1-10 一気通貫

1 マーケティングは戦略に従う

　戦略に基づいて決められる、より細かく、具体的な日々の取り組みがマーケティングです。戦略は経営の幹、マーケティングは枝葉です。幹の無いところから枝を生やすことができないように、戦略に沿わないところでマーケティング施策はできません。マーケティングは戦略に従うのです（**図13**）。

　「売り上げを伸ばせ」といわれたときに、あなたなら何をしますか？　集客をしたら良いと思う人もいますし、商品をたくさん開発したほうが良いと思う人もいます。それぞれの担当者が勝手なやり方をしようとすると、全体としては効率が悪くなります。だからこそ、戦略によって選択肢を絞るのです。

- 「当社のAという商品は、他社と比較して〇〇の点で特徴があって、入門者に好まれやすい（＝戦略）」
- 「だから、ターゲットを初心者に絞って、検索で〇〇の点に関心を持っている人をサイトに誘導して、売り上げを伸ばそう（＝マーケティング）」

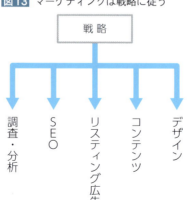

図13　マーケティングは戦略に従う

こんな風にいわれると、売り上げを伸ばすためのプロセスがぐっと明確になり、やることが絞り込まれます。

戦略は「全体の地図」です。それがしっかりと伝わっていれば、マーケティング担当者も、能動的にアクションできます。「この雑誌に広告を出すと入門者に認知されやすい」「初心者は若い人が多いから、スマホサイトで簡単に買えるようにしよう」、能動的に、こんな判断ができるようになるのです。戦略によって、全体の手順を伝え、担当者の選択肢を絞り込むことで、判断のスピードが上がり、組織の動きに一貫性が生まれ、全体の効率が良くなります。これが戦略とマーケティングが一気通貫になっている状態です。

たくさん集客できれば良い、たくさん売れていれば良い。そんな風に思っているとしたら、戦略が無いままマーケティングをしている状態です。全体の手順が見えておらず、組織全体としては効率が悪い状態です。全体の手順があり、部分部分のやり方に制限があってこそ、絞り込まれ、集中し、効率が上がるのです。

経営とは選択の積み重ねです。経営者は毎日たくさんの意思決定を行います。そして、その意思決定を引き継いで、従業員はさらに細かく具体的な日々の意思決定をします。その意思決定に一貫性があるかどうか、組織全体が1つの意識体として動けるかどうかです。その積み重ねが、商品を作り、顧客を作り、利益を作ります（**図14**）。

図14 戦略が施策を絞り込む

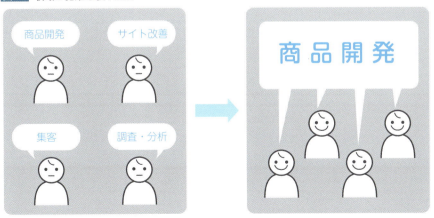

2　3Cをマーケティングにつなげる

　戦略とマーケティングを一気通貫にするのにも、3Cは使いやすいフレームワークです。3Cは、お客様の求める価値を提供できること、また競合他社と比較して、好ましい違いがあることを確認するものです。ターゲットの頭の中に「求める価値を提供してくれて、他社よりも好ましい違いがある」ことが伝われば、その商品を買ってもらえるはずです。特に重要なのは、ベネフィットと差別的優位点です。この2つを合わせて、「戦略メッセージ」と呼んでいます（**図15**）。この戦略メッセージをユーザーエクスペリエンス（UX）全体を通してひたすら伝えていきます（**図16**）。

　ウェブマーケティングなら、検索結果のタイトルや、リスティング広告の広告文、サイトのトップページのキービジュアルやコンテンツ、また構造設計さえもがこの戦略メッセージを伝えるために作られるのです[※11]。

　ウェブマーケティング以外でも、商品のパッケージ、店舗の装飾、商品を開封するとき、商品を使ったとき、ごみを捨てるとき、ギフトで送るとき……商品とかかわるあらゆるタイミングで、戦略メッセージが伝わること。それが言葉でなく、戦略を体験させる（＝UXで伝える）ということです。これがうまくできることが、戦略とマーケティングが一気通貫であるということです。

　しかし、やってみるとこれがとてもとても難しいのです。戦略メッセージは、端的に、シンプルに表現されています。それを正しいニュアンスで肉づけし、具体的なコンテンツやデザインとして表現すること。これを「情報デザイン」といいます。例えば、「苦いコーヒー」を表現するのに、文字で書くだけでは伝わりません。真黒なコーヒーの写真で表現するのが良いのか、イラストで表現するのが良いのか、こわもての中年男性が渋い顔をして飲んでいる写真が良いのか……伝えたいメッセージをターゲットの頭の中に想起させるために、どんなクリエイティブを見せるのが良いのかを考えます。もともとが抽象的で曖昧でシンプルな概念ですから、それを具体化していく際に、クリエイターによって表現に相当の幅が

※11　これらについては他の章で詳しく説明します。

出てきます。だからこそ、アートディレクターやデザイナーの戦略理解度がとても重要になります。

図15 戦略メッセージ

図16 戦略メッセージを伝える

1-11 価値観が戦略を作る

1 | パッション、ポジション、ミッション

「選ばれる理由」は強みから生まれますが、強みは簡単には作れません。1つのことを、10年くらいコツコツと磨き続ける強い意志が必要です。それができるかどうかは、経営者の価値観にかかっています。特に、短期利益を捨て、長期利益のために投資をするということは、一時的に損をするということです。お金よりも大事なこと、損をしてでも成し遂げたいことが無いとできない選択です。

その経営者の価値観が日々の言動となって、企業風土を作ります。それが従業員に浸透し、戦略の言葉にならない部分を補ってくれます。結局、経営者の価値観が強いエネルギーとなって、企業という大きな船を動かしているのです。

筆者はイノベーションにおける経営者の心理状況を3段階で考えています。それがパッション、ポジション、ミッションです。

創業や新規事業において、まずは経営者はがむしゃらに働きます。明確な戦略は無く、ただ楽しかったり、生きていくために、がむしゃらに働きます。これがパッションの段階です。

いつしか経験を積み、その分野の専門家になります。そうなると、同じことをやるなら他の人よりもうまく、他の人よりも効率良くやれるようになります。お客様から見ても、競合から見ても、その分野での第一人者の1人として評価され、信頼されるようになります。その結果、競合他社にはできなくても、自分たちならできる、ということが出てきます。それによってますます、専門性が磨かれます。これが、ポジションができる、という段階です。

そして、自分にしかできないことを積み重ねていくことで、いつしか視野は広がり、責任範囲も広がり、自社だけでなく、業界者や社会のためにできることに意識が向いてきます。そして、自分にしか解決できない、そんな社会的な課題を発見したとき、それを解決することがミッションとなるのです。

1-11 価値観が戦略を作る

結局、価値観がお客様に提供する価値を磨き続けるエネルギーです。他の人と自分の違い、自分の特徴的な経験や環境が価値観を作ります。何かに対して、「やってやろう」そういうエネルギーを感じたとき、行動に移せるかどうかです。行動に移すことができれば、パッション、ポジション、ミッションの3段階で、戦略を実現できるでしょう（**図17**）。

図17 パッション・ポジション・ミッション

（ピラミッド図：上から ミッション／ポジション／パッション）

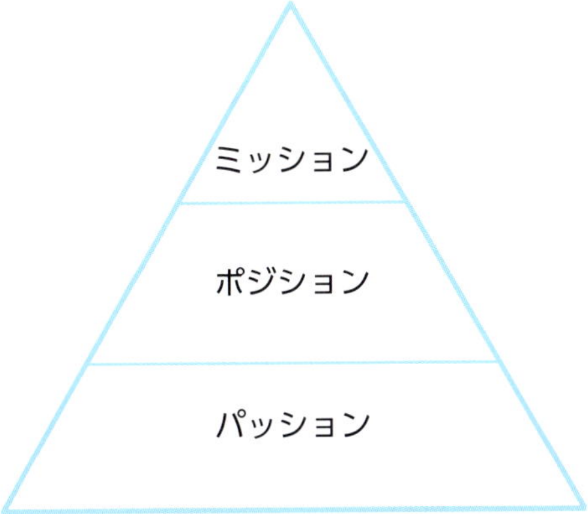

コラム①　戦略は誰のもの？

戦略というと経営者の仕事だと思う方が多いでしょう。実際そうあるべきですが、最近はネット担当者が戦略立案のためのアドバイスをしなければならないシーンが増えています。なぜなら、ネット環境の変化が消費者の行動変化の発端となっているからです。インターネットの登場、モバイルネット環境の浸透、さらにはIoTといわれる、モノのインターネットという変化が待ち構えています。

これから顧客の消費行動がどのように変わるのか、最初に気づけるのは、ネット担当者ではないでしょうか。米国では、経営者はITやネットに強いことが必須であるとまでいわれているそうです。日本では、そこまでネットに強い経営者は多くないでしょう。ネット担当者はもっと戦略を意識し、影響を与えていくべきです。

また、ウェブ制作会社やウェブマーケティング会社は顧客の戦略にアドバイスをする立場にならなければなりません。顧客の戦略がまちがっていると、ウェブ制作も、ウェブマーケティングも、価値がなくなるからです。ウェブプロフェッショナルの活動領域はますます広がってゆきます。

1-12 3Cで組織を動かす

1 戦略と実行

　戦略があっても、戦略に基づいてマーケティングをすることは簡単ではありません。普通は、戦略を立てる人と、ウェブマーケティングを実行する人は、企業のトップと平社員くらい、距離感も、知識や経験も離れています。トップの判断が戦略的で、個性的であるほど、理解されにくく、マネージャーや担当者は「本当にそんなことやっていいの？」と不安になります。その結果、伝達は弱められ、歪められます。担当者のもとに届く頃には、元の戦略は無視され、怪しい指示に変わっているのです。それを見た現場の担当者は、良かれと思って、指示を無視し、自身がベストと思う行動をとります。しかし、担当者は経営全体の情報は持っていませんから、その判断はいわゆる部分最適になってしまうのです。

　そうならないように、戦略を立てる立場の人は、戦略に基づく行動がなされているかどうかを見届けなくてはなりません。このように、戦略から実行までをつなげること、一気通貫にすることが重要なのです。

> **コラム ②　すべては自分の責任**
>
> 　一気通貫を貫くためには、たくさんの部門・人たちとコミュニケーションをし、合意形成する必要があります。しかし、全員と合意形成をするのは簡単ではありません。「理想はそうだが、難しい」こんなことをいう人がいるものです。誰かの抵抗にあうと、「私は戦略をちゃんと伝えたのに、〇〇さんが難しいというので、うまくいかなかった」、そんな言い訳をしたくなります。
>
> 　しかし、そこであきらめてはいけません。どこかのステップで、戦略が引き継がれなくなると、それまでのプロセスのすべてが無意味になってしまいます。もし成果が出なかったときに、それを人のせいにしたところで、もうどうにもなりません。本当に成果を出したいなら、「すべては自分の責任」だと思うことです。その気持ちが、人を動かします。視点を高く、強い意志を持って、関係者全員で同じゴールを目指しましょう。それがリーダーシップです。

2 | 3Cを会社の文化に

　戦略は**経営全体に対する、最も大きな、最も長期の計画**ともいえます。経営者だけでなく、従業員が皆これを共有していることで、高い効果を発揮します。だからこそ、経営者自身を含めて、皆が信頼し、そこに生活をかけようと思えなければなりません。**明快で、魅力的で、信頼できる**こと。これが戦略が承認される条件であり、戦略の品質です。

　戦略を共有する方法として、経営計画書やクレドなどの方法がありますが、3Cも同様に社内での価値観共有ツールとして活用できます。社外に向けたマーケティングだけではなく、行動指針や人事評価、採用基準としても使うことができます。人事評価では、戦略に基づく評価項目の重み付けをしたり、会社の成長戦略も個人のキャリアプランとすり合わせましょう。求人においては、自社の3Cをそのまま見せるのも良いと思います。そういう戦略が文化になっている企業であることも、相性を見る判断基準の1つになるでしょう。組織は戦略に従う、という言葉があります。戦略が幹でマーケティングは枝葉であるように、組織も戦略の枝葉であるべきです。

　自社の3Cを浸透させるために、まずは3Cを大きなポスターにして貼り出しましょう（**図18**）。毎日何度も見かけるくらい目につかないといけません。各部屋や廊下に貼り出しましょう。

図18 3Cポスター

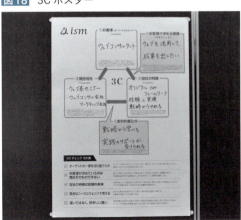

社内の会議においても、それぞれの施策を 3C と関連付けて説明しましょう (**図 19**)。自らの行動を 3C と関連付けて考える習慣を作るのです。

また、環境が変われば 3C は変わるものです。3C に違和感を覚え始めたら、「少し変わってきた」、「もう変えたほうが良い」、そのような意見も積極的に議論しましょう。

さらに、3C を理解するにも勉強が必要です。社内で勉強会を開くのも良いですし、本書の著者全員が参加している ism に参加して 3C について勉強することも良いと思います。

図19　3C の共有

> **コラム 3**　ism
>
> 本書の著者は全員、株式会社ゴンウェブコンサルティングが運営する会員組織 ism に参加しています。
>
> ism は戦略とインターネットについて学びあい、支えあうための組織です。
>
> ism では、本書で解説しているとおり、3C フレームワークで戦略を整理し、マーケティングに落とし込む ism フレームワークという考え方を共有しています。
>
> 今後より一層重要になるウェブ戦略、ウェブイノベーションの専門家を育成し、相互に支えあうことを目的としています。
>
> http://www.internet-strategy-marketing.org/

第 2 章

調査・分析で
お客様を知る、競合を知る

2-1 なぜ調査・分析が重要か？

1 お客様と競合を知る

「ウェブマーケティングの担当になった、さて、これから何をしよう」「見込み客を集めるために集客が必要だ。SEO、広告、SNS……いろいろと始めなければならない。とにかく急がなければ」

——初めてウェブマーケティングに取り組む方は、こうした焦りを抱えていることでしょう。あるいは、すでにマーケティングを実施していたとしても、「思うように成果が出ない。広告費は上がるばかり。何かうまい施策はないだろうか」と悩んでいる方も多いのではないでしょうか。

マーケティングと聞くと、どうしても集客が主役だと捉えられがちです。もちろん、まずは広範囲に向けてアプローチをし、そこから反応の良いお客様を見つけ出す場合もあるでしょう。しかし、見えない広い網に手あたり次第アプローチしても、コストがかさんでしまうばかりです。

集客の前に、まずは、誰に向けてどんなマーケティングをしたら成果が得られそうなのか、ある程度見込みを立てて取り組みましょう。集客の結果から「お客様」と「競合」を洗い出すのではなく、「お客様」と「競合」を洗い出してから集客をすると、成果が全く違ってきます。

「そうはいっても、調査・分析って大企業がやることでは……」「お金もたくさんかかりそう……」そう思う方も多いかもしれません。しかし、小企業でも取り組める、簡単でコストもかからず効果的な調査・分析もあります。ここでお伝えするのはその内容です。

たくさんのことに着手しすぎると、結局何が知りたかったのかが曖昧になったり、調査・分析することがゴールのようになってしまいます。まずは捨てることと取り組むことを明確にし、必要なことだけに力を注ぎ、効果的なマーケティングをしていきましょう。

捨てること

a. 机上で大量のデータと向き合う
b. すべてのお客様をターゲットにする
c. 多くのお客様の広く浅い声に振り回される
d. 安く安くの価格競争
e. 競合コンテンツをそっくり真似る
f. 「何でもやれます」「何でも強い」のPR

取り組むこと

A. 現物を手に取り、現場の人の話に耳を傾ける
B. 自社の価値が響くお客様に絞り込む
C. 高い価値を感じているお客様の声を深掘りする
D. 値下げよりも提供する価値を高める
E. 競合を超えるコンテンツを考える
F. 絞り込んだ強みのPR

2-2 調査分析の基本の考え

1 想像と現実とのギャップを知る

第1章でも解説したように[※1]、まずは戦略、具体的には3Cが重要です。しかし、「お客様」と「競合」を洗い出すときに、想像で済ませてしまうことも少なくありません。

- お客様はこんな人だから、こんなことを求めているはず
- 競合はこことここだ。こんな点で勝ち目があるだろう

はたして本当にそうでしょうか。お客様のリアルな声は、その想像とは違っていたり、その想像をはるかに超えてくる可能性があります（**図1**）。競合も、日々いろいろなことに取り組み形を変えていきます。今、自社の強みを揺るがすような新たなサービスが展開されているかもしれません。

まずは現状を把握しましょう。これらを知ると知らないでは、成果に大きな違いが出てしまいます。

図1 想像と現実とのギャップ

※1 「1-7 戦略を3Cで整理する」参照。

2 「現地」「現物」「現人」

　現状を知るために、つい大量のデータが必要と考えてしまいがちですが、それよりもまずは現場に足を運んだり、現物を手に取ったり、現場の人の話に耳を傾けるといった、「現地」「現物」「現人」（図2）で考えましょう。

　例えば、これからマーケティングをする自社の商品（クライアントの商品）は、自分たちで実際に試してみましょう。あわせて、競合の商品も一緒に試して比較すると、その違いがよくわかってきます。

　「生で食べたら最高のカニと聞いていたけれど、実際は、茹でカニのほうが、競合より全然うま味があるなぁ」「美容に良いと聞いていたサプリメントだけど、試してみたら断然疲れがとれやすくなった。美容より健康効果のほうが高いのかな？」

　試してみると、内部での固定観念が崩れることもあります。これが「現物」に触れることで気づいた新しい仮説です。

　自らの感覚から、「本当にそうなのだろうか？」と思ったら、「実際にお客様の声を聴いてみよう」となっていきます。それこそが検証であり必要な調査なのです。

　実態を知らずに「今回は美容を訴求してみる？　健康を訴求してみる？」と机上で議論をしていても、判断のしようがありません。「健康を訴求してみましょう！」と自信を持って提案できるように、現物に触れ、現人の声を聴きましょう。

図2　「現地」「現物」「現人」

2-3 あなたのお得意様はどんな人？

1 コアファンを知る

　自社のお客様像をあらためて知りたいときには、まず自社のコアファン（一番価値を感じてくれている方）がどんな人かを知りましょう。なぜなら、今の顧客すべてがターゲットではないからです。

　もちろんすべて大切なお客様に違いありません。しかし、そこにはとても高い価値を感じてファンになっているお客様と、ともすれば他の商品や他のお店でも良いと思っているお客様が混在しています。安さを1番に求める人、サービスやおいしさを重視する人など、人によって求める価値はさまざまなのです。

　その中で、高い価値を感じているお客様、コアファンがどんな人なのか、何に価値を感じているのかをあらためて知ると、**自社が「選ばれる理由」が見えてきます**（**図3**）。

図3　高い価値を感じているコアファン

やっぱりこれが1番！

安い　早い　便利　…

コアファン

- 価値を感じ、リピートしているお客様はどんな人？
- 感謝の手紙を送ってくださる方、よくお電話をくださる方は、どんな人？
- どんな家族構成で、どんなライフスタイルを送っている？

「息子が上京していて、高くても栄養価の高い野菜を届けたい」
（だから、スーパーじゃなくてうちの通販の有機野菜なのか！）
「肌が弱い、でもお洒落をしたい、だけど高級下着には手が届かなくて……」
（だから、肌に優しくて値段が手ごろなうちの下着が必要なのね！）
……など

　そのお客様を1人発見したら、同様の想いを抱えているお客様が日本中には数千〜数万人もいます。その方々が自社を知ったら、喜んでその価値を求めてくれます。
　まずは、お客様像を浮き彫りにしましょう。求めることの裏にある「お客様の背景」を知ることで、何を伝えれば、何を訴求すれば響くのかが、具体的に見えてきます。「おいしいですよ」「お得ですよ」というような競合との差別化も、ここから始まります。

2　お客様を知る方法

　お客様を知る方法として、全体的な傾向や特徴をつかみたいときには「お客様アンケート」の結果を活かしましょう。
　例えば数100〜数1000のアンケート回答を集計してグラフにすると、「比較的年配の女性が多いのか」とか「サービスの満足度が高そうだな」といった大まかな傾向や特徴が見えてきます。
　しかし、そのような定量的な数値だけを見ていると、どうしても高い数値、多い割合だけを重視してしまいます。
　例えば「若い男性」の割合が10％しかなかったとしても、実はその中にとても強い購買意欲を持ったお客様が隠れているかもしれません。その強い購買意欲の

理由を拾い上げるときには、定性的なお客様の言葉が有効です。「お客様レビュー」があるなら、そこに目を通すことで、具体的に何に価値を感じているのかが見えてくることもあります。

ただ、数行のコメントだけではまだ表面的なことしかつかめず、本質を見抜くのが難しい場合もあります。そこを深掘りするための手段として、コアファンへの「お客様インタビュー」があります。

コアファンは、その商品やサービスの良さを売り手以上によく知っています。あらためてその価値を知るだけでなく、自分たちの気づいていなかった価値を拾い上げてもくれます。

また、「お客様インタビュー」は調査・分析に役立つだけでなく、サイト内のコンテンツとして公開することで、共感・信頼を生み、**他のお客様の購買意欲を引き上げる「キラーコンテンツ」としても貢献します**。

「お客様アンケート」のような定量調査から傾向や特徴をつかみ、「お客様インタビュー」のような定性調査で具体的なお客様像を深掘りしていきましょう（**図4**）。

図4 定性調査と定量調査

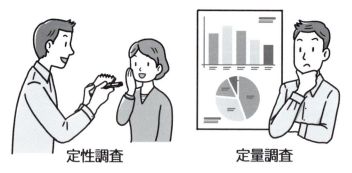

2-4 お客様インタビュー

1 インタビュー事例

　図5は、雑誌『ナショナル ジオグラフィック日本版』で行ったお客様インタビューの事例です。

　『ナショナル ジオグラフィック』とは、自然、動物から人々の暮らし、科学、歴史、環境など、地球で起きていることのすべてを伝えてくれる雑誌です。ウェブサイトも運営しています。

図5　お客様インタビュー事例
　　（http://natgeo.nikkeibp.co.jp/nng/subscription/interview/）

当初、お客様像として強くイメージされていたのは、「趣味に時間とお金を割く余裕のある比較的富裕層（どちらかというと男性で高齢）」というものでした。

しかし、DMの反応が昔ほど得られなくなったり、高齢のため継続が難しいと解約を希望するお客様も出てきたりと、思わしくない状況が続いていました。

誰に向けてマーケティングをしていけば良いのか。他にもお客様像がいるはずなのだけれど、それが見えない──。

そこで、あらためてお客様像を洗い出すことになり、このインタビューにたどり着きました。

2 新たなお客様像の発見

このインタビューは、コアファンを見つけて何に価値を感じているのかを深堀りした事例です。

インタビューを受けていただいたお客様は、家族みんなでこの雑誌を楽しんでいるというご家庭の奥様でした。ご自身が出産後の子育てについて不安を抱えているときに、ご主人から「ナショナル ジオグラフィックがある家で子どもを育てたい」という提案があり、軽い気持ちで購読を開始したそうです。

購読を続ける中で、お子さんにとっても学びと成長があり、家族コミュニケーションにもつながっていると教えてくださいました。学校の先生や保護者にも、同じように購読されている方がいらっしゃるそうです。「大人も子どもも楽しめる、中立で良質な雑誌、他に無いですよね」と、あらためて自社の価値も教えてくれました。

このようなお客様自体が、新たな発見です。このようなお客様像は、会議室で議論をしているだけではなかなか浮かんできません。

こうして、新たなお客様像が見えてくることで、同じような見込み客に対してアプローチをかけていくことが可能になります。むやみに集客をするのとは全く効率が違ってきます。

他が気づいていない、やれていないお客様のニーズに気づいていきましょう。次節では、このようなお客様インタビューを行うまでの実際の手順を解説します。

2-5 お客様インタビュー実施方法

1 インタビューに応じてくれるお客様を募集する

まず、インタビューに応じてくれるお客様を募集します。現在のお客様に対して、ウェブサイトやメールマガジンなどで、「お客様インタビュー募集」の告知をし、応募者を募りましょう。以下は簡単なイメージです。

「XXX（自社）は、お客様インタビューにご協力いただける方を募集しています。お客様の声を直接お聞きしたい、お客様の言葉でXXX（自社）のメリット、デメリットを他のお客様に伝えてもらいたいと思っています。
ご協力いただいた方にはXXX（自社）の商品を3セットプレゼントいたします。XXX（自社）好きの皆様のご応募を心よりお待ちしています。」

お礼は、金銭よりも自社商品から何かプレゼントするほうが望ましいです。それが、「自社の商品が本当に欲しい人」というふるいにかけることにもつながります。

また、募集の際は、図6のような簡単なアンケートフォームを用意します。「お名前」「性別」「年齢」「職業（業種）」「購入を続けている理由」「商品、サービスに関する感想やご意見」といった項目を設けます。

これは、どんなユーザーがいるのかを知ることも目的ですが、その中からコアファンを見つけるためにも必要な作業です。

重要なポイントは、お客様が自由に書き込める自由入力欄を設けることです。ここにその方の個性や感じている価値のニュアンスが現れるためです。

図6 アンケートフォーム

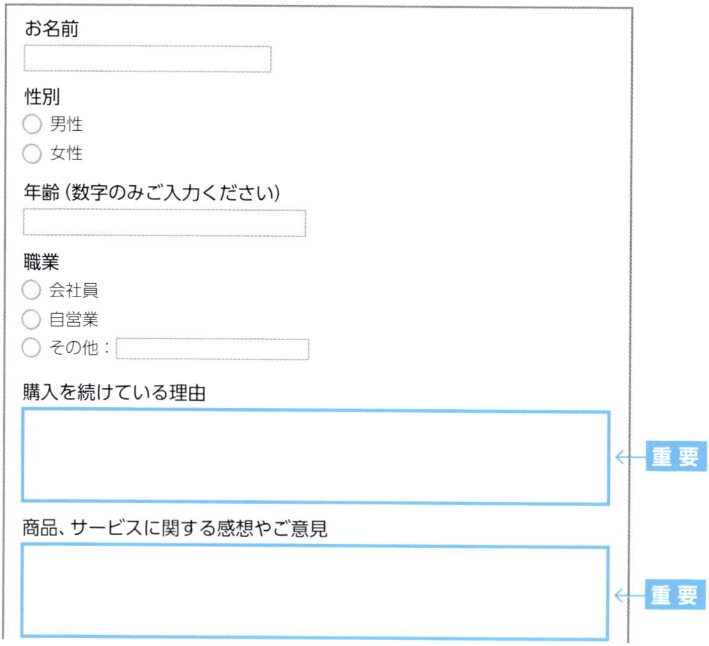

お名前
[　　　　　]

性別
○ 男性
○ 女性

年齢（数字のみご入力ください）
[　　　　　]

職業
○ 会社員
○ 自営業
○ その他：[　　　]

購入を続けている理由
[　　　　　　　　　　　　　　　] ← 重要

商品、サービスに関する感想やご意見
[　　　　　　　　　　　　　　　] ← 重要

2　お客様を選定する

集まったアンケートフォームの内容を見て、お客様を選定します。
最も優先的に見てほしいのは、先ほど解説した

- 購入を続けている理由
- 商品、サービスに関する感想やご意見

など、相手の言葉が見える自由入力欄です。
「安いから」「対応が良いから」というのも、もちろん率直で良いのですが、それ以上に、自らの言葉で自社の商品やサービスについての満足度を語ってくれる方を見つけましょう。伝えたいことがある方々は、自由入力欄にその兆しを見せてくれます。
例えば、先のナショナル ジオグラフィックの事例では、主婦でお子さんと一

2-5 お客様インタビュー実施方法

緒に楽しんでいる方というのも新たな発見でしたが、この方の自由入力欄の内容が決め手でした。

「定期購読を開始したのは、主人の意向です。"ナショナル ジオグラフィックがある家で、子どもを育てたい"と言い、娘が絵本を楽しめるくらいの年齢から購読を始めました。その娘ももう小6！ 小さい頃は写真を眺めているだけでしたが今ではポストに届くと、一番に熟読しています。」

このようなコメントを書いてくださるお客様を、さらにインタビューで深掘りしていきます。

3 インタビューを実施する

インタビュー当日は、選定したお客様の他に、以下の担当者が必要です。役割が重複しても良いでしょう。

- インタビューをする人
- のちの原稿を書く人
- 撮影をする人

場所は、できればお客様のご自宅や事務所にお伺いできることが望ましいです（**図7**）。そのほうが写真を通して臨場感が伝わりますし、お客様が普段と同じ感覚でリラックスして話せるというメリットがあります。自社に呼んだ場合、どうしても「良いことを言わなければ」というプレッシャーで本音を引き出せない場合が多いです。

緊張を解くためにも、いきなり一問一答を始めるようなことはせず、お仕事の話や趣味や普段の生活のお話など、雑談を交えながら進めていきます。

そして、お客様がどんなことに価値を感じているのか、その魅力を最大限

図7 お客様の事務所でインタビュー

撮影：的野 弘路

に引き出せるよう心がけましょう。話がいろいろな方向に展開されても問題ありません。原稿が心配な場合は、ボイスレコーダーを用意していくと安心です。

4 インタビュー内容をまとめる

インタビューでお客様を深堀りできたら、

・インタビューしたお客様はどんな方だったか
・どんなことに困っていたのか、どうなりたいと思っていたのか
・どんなことに価値を感じていたのか

といった点をポイントにまとめ、お客様像を浮き彫りにします。

これにより、「誰に何を伝えたら響くのか」の「誰」と「何」が見えてきますので、早速アプローチしていくこともできます。

例えば先の事例でいうと、「お子さんの教育や家族コミュニケーションにつながるものを求めている方々に、この雑誌でそれが実現できますよ」ということを伝えていくのです[※2]。

可能なら、このようなインタビューを最低2〜3組、多ければ10組くらい実施し、3タイプほどのお客様像を浮き彫りにできると、具体的に狙う市場の幅が広がります。

インタビューを原稿にまとめたら、ウェブサイトにも掲載しましょう。インタビューページも伝えるためのコンテンツの1つとなります。ターゲットとするお客様にこのインタビューページを見せることで、共感を生み、購買意欲を高めることにつながっていきます。

お客様インタビューは、お客様を知るための調査・分析にもなり、後のキラーコンテンツとしても活かせる、とても費用対効果の高いものなので、ぜひ取り組んでみてください。

※2　具体的な集客方法、伝えるためのコンテンツについては第5章、デザインについては、第6章を参照。

2-6 あなたの競合はどんなところ？

1 自分たちが気づいていない競合を見つける

お客様が見えてきたら、次に競合の調査・分析を行います。

まず、競合サイトを10サイトほど拾い上げましょう。すぐに頭に浮かぶような、自分たちがいつも意識している競合を、まず挙げます。他に、主要キーワードでの検索結果も参考にしてください。上位に表示され、競合と思われるサイトを、広告も含めリストアップします。例えば、ナッツのネットショップであれば、主要キーワードは「ナッツ　通販」などです。検索結果には同じ業種のお店がたくさん並ぶことでしょう。

加えて拾い上げたいのは、「自分たちが気づいていない競合」、言い換えると「お客様が比較する競合」です。

同様にナッツ屋さんで考えると、「バーで提供するおつまみを仕入れたい方」がお客様であれば、そのお客様は「おつまみ　業務用」と検索するかもしれません。その結果、出てくるサイトはナッツ屋さんとは限りません。生ハムやサラミやチーズなどが並び、そこから比較されることになります（**図8**）。

これが、**「自分たちが気づいていない競合＝お客様が比較する競合」**です。

図8 自分たちが気づいていない競合

ナッツ　通販 🔍
ナッツが安い
おいしいナッツ
ナッツいろいろ
高級ナッツ

おつまみ　業務用 🔍
生ハムなら
ワインにあうチーズ
おいしいサラミ
ナッツ業務用

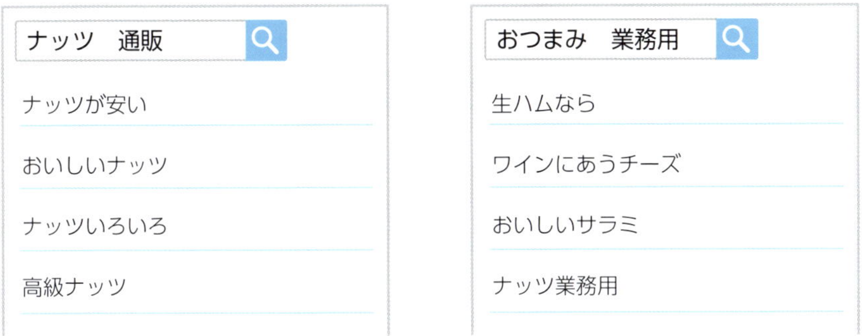

2 お客様によって競合は変わる

　このように、お客様によって競合は変わってきます。競合が同業種とは限らないとなると、何だか競合が増えたように感じるかもしれませんが、そうではありません。これはチャンスの1つでもあります。

　そのお客様が比較する競合が別のところにもあるということは、お客様によって求める価値に違いがあるということです。それならば、あらためてそのお客様が「求める価値」を知り、それに応えることで、選ばれる可能性が出てきます。

　先ほどの「バーで提供するおつまみを仕入れたい方」が、何を求めているのかを考えてみましょう。仕入れをする店長さんにとっては、「おいしさ」も大切ですが、それと共に「コストパフォーマンス」や「手間がかからない」ことも気になっているかもしれません。「なるべくコストをかけず、おいしくて喜ばれるものを出したい。さらに、手間をかけずさっと出せるものだったらいいな」(**図9**)、そんな考えに応えるならば、競合と同じように「おいしいナッツ！」を訴求するよりも、「コスパも良く、手間がかからない！」と伝えたほうが、このお客様には響くかもしれません。

図9　バーの店長さんが求めること

2-6 あなたの競合はどんなところ？

　そして、「なぜナッツのほうが他のおつまみよりもコストパフォーマンスが良く手間がかからないのか」がよくわかる、説得力のあるコンテンツを用意することで、ますます選ばれる可能性が出てきます[※3]。

　競合とは、そのお客様が求める価値と同じ価値を提供しているところです。そう考えると、CMや雑誌広告、電車のつり広告なども、気づかされることが多いのでぜひ着目してみてください。

※3　説得力のあるコンテンツ作りついては第5章を参照。

第2章　調査・分析でお客様を知る、競合を知る

2-7　価格を比較してみよう

1　価格も1つのメッセージ

　リストアップした競合サイトで、まずは価格を比較してみましょう。これは、競合と比較して**自社の価格がどのポジションにあるのか**を把握するためのものです。
「うちはどこよりも安い」と思っていたけれどなかなか売れないなら、他にもっと安いところがあるのかもしれません。もしそうだった場合、もっと安くできるなら、単純に値下げをすれば反応は変わるでしょう。しかし、これ以上安くしたら利益を圧迫するという限界にきているなら、安さを一番に訴求することはやめて、別の訴求点を見つけていく必要があります。

　価格比較は、「今の価格の妥当性」を検討するのにも役立ちます。価格はそのお店、その商品・サービスからのメッセージの1つです。「安いから良い」「高いから悪い」という単純なものではありません。お客様が、「その商品・サービスから受け取る価値に対して、この価格は妥当かどうか」を判断して対価を支払うものです。

　今の価格は、ターゲットとするお客様に提供している価値に対して妥当な価格なのかどうか、他社価格と照らし合わせながら見てみましょう。その結果、場合によっては、値上げ、値下げで成果を出すことも可能です。

　これについては、次の事例で詳しくご紹介します。

2　価格比較事例（インクナビ）

　図10は実際の価格比較表です。

　リストアップした競合サイトの商品・サービス価格を洗い出して比較しています。すべてではなく、主要商品・サービスを拾い上げ、それらと同等の商品・サービス価格を調査すれば十分傾向がつかめます。

2-7 価格を比較してみよう

図10 価格比較表（値はすべてダミー）

		サイト	純正メーカー	自社	A社	B社	D社
		URL	http://www.xxx.jp/	http://www.hov	http://www.aaa.	http://w ccc.	http://www
		インク種類	純正	互換	互換	互換	互換
EPSON	IC50	ICBK50（ブラック）	¥1,134	¥600	¥800	¥400	¥300
		IC6CL50（6色）	¥6,598	¥2,500	¥4,000	¥1,500	¥1,000
	IC46	ICBK46（ブラック）	¥1,134	¥600	¥800	¥400	¥300
		IC4CL46（4色）	¥4,395	¥1,500	¥2,000	¥1,000	¥800
	IC35	ICBK35（ブラック）	¥1,134	¥600	¥800	¥400	¥300
		IC6CL35（6色）	¥6,912	¥2,500	¥4,000	¥1,500	¥1,000
CANON	BCI-7e/9	BCI-7E+9/5MP（5色）	¥5,122	¥2,000	¥2,500	¥1,200	¥800
	BCI-6	BCI-6BK（ブラック）	¥1,080	¥800	¥900	¥500	¥400
	BCI-321/320	BCI-321+320/5MP（5色）	¥4,412	¥1,500	¥2,000	¥1,000	¥800
Brother	LC11	LC11BK（ブラック）	¥1,134	¥600	¥800	¥400	¥300
		LC11-4PK（4色）	¥4,298	¥1,500	¥2,000	¥1,000	¥800
	LC10	LC10BK（ブラック）	¥1,987	¥800	¥1,000	¥600	¥500
		LC10-4PK（4色）	¥5,206	¥2,000	¥2,500	¥1,200	¥800
	LC09	LC09BK（ブラック）	¥2,376	¥800	¥1,000	¥600	¥500
		LC09-4PK（4色）	¥6,048	¥2,500	¥4,000	1500	¥1,000
HP	HP178	HP178XL（4色）	¥4,320	¥1,500	¥2,000	¥1,000	¥800
		HP178XL（5色）	¥5,508	¥2,000	¥2,500	¥1,200	¥800

　この事例は、互換インクカートリッジを販売する『インクナビ』（http://www.inknavi.com/）さんのものです。

　互換インクとは、プリンタメーカーが作った純正インクと互換性のあるインクのことです。品質や安全性は互換インクメーカーによってまちまちですが、純正インクと同じように使えて、純正インクより安いというのが特徴です。

　純正インクより安いといっても、一体どれくらい安いのか、他社との価格差はどれくらいなのかを知るために、「純正インク」と「その他互換インク（リサイクルインク含む）」の価格を比較しました。

　結果として、互換インクの中でも自社インクは比較的高い価格ポジションにあることがわかりました。インクナビで扱っているインクの一部は、互換インクの中でも最高峰、純正インクに負けず劣らずの品質なので、「互換インクの中でも

高いほう」という結果は、妥当なものでした。しかし、その価格でさえも原価率の高騰に伴い利益を圧迫していました。また、すべての互換インクが、純正インクの半額にも満たない価格で、そこには大きな価格差がありました。

　当初、インクナビでは、販売商品を最高峰のインクだけに絞り、「純正インクを使っているお客様」に重きをおこうとしていました。その場合、確かな品質と安全性がより重視されるので、もちろん安いほうが良いけれど、あまり安すぎても信頼性に欠ける場合もあります。「こんなに安くて大丈夫だろうか」という不安にもつながりかねません。

　そこで、きちんと利益が出る適切な価格まで値上げし、その分サポートの質を高めることにしました。検討の結果、価格は「純正の半額」まで値上げしました。それでも、純正インクを使っているお客様にとっては安いので、それをサイトでも訴求しています（**図11**）。

　もちろん、安いだけではなく、トラブルや印刷品質についても、実際の実験で検証し、強みも弱みもある中でこの価格が成り立っていることを伝えています。

　「ターゲットとするお客様に提供している価値」に対して「妥当な価格」を設定し、成果に結びつけている事例の1つです。

図11　『インクナビ』ウェブサイト（http://www.inknavi.com/）

3 値上げは悪いことではない

　価格と価値はトレードオフです。価格を下げれば、その分提供する価値や質も下がってしまい、どうしても対立してしまいます。そこを無理して、「価格を下げても価値は下げない」ということを続けると、過剰な労働でスタッフの負担が大きくなりすぎたり、その分の人件費をカバーするために経営者の負担が大きくなりすぎたりと、結果的に誰かが苦しみ、どこかでひずみが生じます。

　また、値下げ値下げを繰り返して価格競争に入り込むと、その先の施策はもうありません。

　迷ったときは、**提供する価値を高める**ことを優先しましょう。値上げをして、高めた利益率でまた他が提供できない価値を提供していくことが、価格競争からの脱却になります。

　ただし、提供する価値が「お客様が求めていること」から外れないように気をつけてください。手間を省きたいお客様に、手間が増えるような価値を付加しないように注意しましょう。

2-8 コンテンツを比較してみよう

1 なぜ伝わらないのか

　サイトでも広告でも一生懸命伝えているつもりなのに、なかなか反応が無い。

　そんなときは、自社サイトとにらみ合うだけでなく、他社サイト、競合サイトにも目を向けてみましょう。「似たような価値を届けているのに、ここはなんてわかりやすいんだろう」と思うコンテンツを見つけたら改善が必要です。コンテンツ比較で、わかりやすい見せ方や自社で伝えきれていないことなどを発見し、コンテンツ改善に役立てていきましょう。

　ただし、全く同じように真似をするのはちょっと違います。それは、ルール違反であることはもちろんですが、結局、同じことをしても勝つことはなく引き分けのままだからです。競合を超えるコンテンツ、お客様に価値あるコンテンツを届けることで、初めて勝ち目が見えてきます。

　そして、コンテンツの基盤には、信頼できるお店や会社、価値ある商品・サービスがあることが前提です。できていないことをできていると伝えてはいけないですし、何でもできると伝えても、何に強いのかがわからず、結果的に選ばれにくくなります。

　すべてに優位性があるところなどありません。自社の強みであり、他では提供できていない価値に絞り込み、それをコンテンツという形にしてきちんと表現していきましょう。

2 コンテンツ比較事例（近江牛.com）

　図12は、近江牛を販売する『近江牛.com』（http://www.omi-gyu.com/）さんのコンテンツ比較表です。

　まず、自社サイトのコンテンツを項目ごとに拾い上げます。次に、リストアッ

2-8 コンテンツを比較してみよう

図12 『近江牛.com』のコンテンツ比較表

	ブランド・サイト名	自社	A社	B社	C社	D社	
	URL	http://www.omi-gyu.com/	http://www.aaa.jp/	http://www.bbb.jp/	http://www.ccc.jp/	http://www.ddd.jp/	
	販売肉	近江牛	近江牛	近江牛	松阪牛	神戸牛	
商品	お試しセット	○	×	○	×	×	
	すき焼き	○	○	○	○	◎	
	しゃぶしゃぶ	○	○	○	○	○	
	ステーキ	○	○	○	○	○	
	焼肉	○	○	○	○	○	
	味噌漬け	×	○	○	×	○	
	ホルモン	○	×	×	×	×	
	ギフト商品（ギフト券・目録など）	○	◎	○	○	◎	
	オリジナル商品（カレー・ハンバーグなど）	○	○	○	○	○	
	調味料商品（たれ・しおなど）	○	○	○	×	○	
読み物	レシピ	◎	○	○	×	×	
	和牛についての読み物	◎	◎	×	×	◎	
	美味しい食べ方	×	○	×	×	×	
	保存方法	○	×	×	×	×	
信頼	コンセプト・こだわり・特徴・強み	○	◎	×	○	○	
	企業理念・ヒストリー	○	○	○	○	○	
	安全・安心の取り組み	◎	○	×	×	○	
	環境への取り組み	◎	○	×	×	×	
	生産者の声	◎	○	×	×	×	
	牧場レポート・牧場の様子	◎	○	×	×	○	
	飼育・飼料	◎	○	×	×	×	
	仕入れ情報	◎	○	×	×	×	
	トレーサビリティシステム	◎	○	×	×	×	
	メディア掲載	○	○	○	×	×	
	受賞履歴	○	○	○	×	○	
	動画コンテンツ	○	○	×	○	×	
	コラム・インタビュー	○	×	×	×	×	
	お客様の声	○	○	○	×	○	
	FAQ	○	○	○	×	○	
注文	初めての方へ	○	○	×	×	×	
	ご利用ガイド（送料・お支払い方法等）	○	○	○	×	○	
	注文の流れ・注文方法	○	○	○	○	○	
	お問い合わせ	○	○	○	○	○	
	ギフトラッピング	○	○	○	×	○	
	法人用お申し込み	○	○	×	×	×	
	牧場指名サービス	○	×	×	×	×	
その他	メルマガ	○	○	○	○	×	
	ブログ・日記	○	○	○	○	○	
	twitter	○	○	×	×	×	
	携帯サイト	○	○	×	×	×	

プした競合サイトを一つひとつ確認し、自社と同じ項目のコンテンツ有無を「◎○×」などで記載していきます。また、既存項目に無いコンテンツがあれば、随時コンテンツ項目を追加していきます。

　◎を付けている箇所は、該当コンテンツがあり、さらに「わかりやすい見せ方だな」とか「信頼感が高まりそう」と感じたものです。このような箇所にはリンクを張っています。

　こうしておくと、複数の人たちと調査結果を共有するときに「あのコンテンツ

どこだっけ？」とまた最初から探す手間も無く便利です。

このようにして、コンテンツ比較表を完成します。

- お客様に求められる自社の価値は、コンテンツとして見えやすい場所にきちんと存在しているかどうか
- そのコンテンツは競合と比較してもわかりやすく魅力的なものになっているかどうか

あらためて見直した上で、競合から学ぶことがあればそれを元に再考し、自社のコンテンツをブラッシュアップしていきましょう。いろいろなサイトを見ることは、普段お客様が比較検討しているのと同じシナリオをたどることになるので、学びや気づきも多いはずです。

近江牛.com さんはもともとコンテンツの多いサイトで、調査結果でも、他社より圧倒的にコンテンツ量が多く、ほとんどの項目をカバーしてることがわかりました。

しかし、多くのコンテンツを見せるための構造が整っていなかったため、表面にいろいろなコンテンツが乱雑になっており、本当に伝えたいコンテンツが埋もれてしまっていました。アクセス解析を見ても、信頼コンテンツがほとんど読まれていない状況もわかりました。

そこで、「商品コンテンツ」と「読み物・信頼コンテンツ」を明確に切り分ける構造改善を行いました。

また、EC サイトでは特に、「商品を早く見たい」というお客様の欲求があります。そのため、商品にすぐにたどり着けるように、「商品コンテンツ」の中身も見直し、優先順位も上げています。

そして、「ギフトでお肉を贈りたいお客様」に重きをおくことを検討していたので、そのお客様が見たい・知りたいと思うコンテンツ、例えば届いたときのギフトパッケージや中身の写真を改善し、しっかり見せるようにしました。競合のコンテンツを比較してみても、そこがきちんとできているところはほとんど無かったからです。

3 | コンテンツ比較事例（ファクタス・オム）

もう1つの事例として、メンズバッグを販売する『ファクタス・オム』(http://www.factus-homme.biz/) さんがあります（**図13**）。

図13 『ファクタス・オム』のウェブサイト

コンテンツ比較表は割愛しますが、比較をしていて気づいたことは、多くのサイトがファッション性を前面に出していることでした。

もちろん、「3wayで使えて便利」とか「革の高級感の良さ」などを伝えていたりもしますが、お客様に強く伝わるコンテンツとしてファッション性が目立つ結果となっていたのです。

ファクタス・オムが特に強いのはビジネスバッグです。ビジネスバッグは見た目も大切ですが、パソコンや書類が入るかどうか、持ち歩きに負担が無いか、といった「機能性」が重視されるものでもあります。

出張が多いビジネスマンにとっては「ビジネスバッグを一緒に持ち運べるスーツケースが欲しい」とか、外回りの多い営業マンにとっては「しっかり自立するビジネスバッグが欲しい」など、求める機能が定まっている場合も多いです。

しかし、機能性をしっかり見せているサイトや、機能で探しやすいサイトは見当たりませんでした。

そこで、特に「機能性を重視するお客様」に絞り込んでサイトを構築しました。キービジュアルでも「機能性」を訴求しており、ここに、バッグに機能性を求めるユーザーを呼んでマッチングさせています。

2-9 結果をまとめてみよう

1 戦略キャンバス

　ここまでで、「お客様の調査・分析」「競合の調査・分析」で、誰に何を伝えていけば良いのかが、ある程度見えてきたでしょうか？
　さらに結果を有効に活かしたい場合にご紹介したいものがあります。「戦略キャンバス」です（**図14**）。

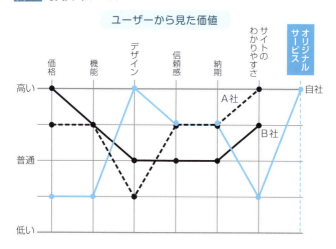

図14　戦略キャンバス

- 横軸は「ユーザーから見た価値」（そのお客様が求める価値）
- 縦軸は達成度
- 「自社」と「競合」の評価を折れ線グラフに

　これは、「自社」と「競合」を「お客様が求める価値」に従い、客観的に評価するものです。競合と比較して、自社は何に強く何に弱いのかを俯瞰し、どこの価値を高めれば選ばれやすくなるのかを、探ることができます。

2　戦略キャンバスの書き方

　戦略キャンバスは、自分だけではなく、スタッフさんや今のお客様、加えて非顧客の方々にも描いてもらいましょう。そうすることで、自社がどう見られているのか、何が伝わっていないのかが浮き彫りになってきます。

　まず、横軸の「ユーザーから見た価値」には、そのお客様が求める価値を並べます。お客様レビューやアンケート、お客様インタビューなどで見えてきた価値も有効に活かしてください。

　自社から見て必要だと思う価値ではなく、お客様が必要だと思う価値に着目することがポイントです。例えば、「インパクト」や「賑やかさ」などを挙げたとして、もしそれをお客様が重視していないのであれば、ここからは外します。

　「自社」と「競合」のグラフは、競合調査の結果も踏まえて反映していきましょう。「信頼感」のように比較が難しいものもありますが、「自分がお客様の視点で競合サイトを見たときにどう感じたか」という視点で判断してください。また、他の方にも書いてもらうと、どう見えているのかがよりわかってきます。

　戦略キャンバスが描けたら、全体を俯瞰して見てみましょう。

　すべての価値項目で高評価を得る必要はありません。それができていたら、マーケティングの必要も無くすでに成功していることでしょう。

　重要なのは、**どこかの価値項目に突出することで、「選ばれる理由」を作ること**です。他に負けないという価値項目が見つかれば、その価値をしっかり訴求することを心がけましょう。そここそが、比較される中で選ばれる理由です。

　どこも弱いと感じる場合は、次の戦略キャンバス事例を参考に勝ち目を見つけていきましょう。

> **コラム 4**　**3Cと戦略キャンバス**
>
> 　戦略キャンバスは3C分析の「お客様が求める価値」に注目し、具体化した上で、3C分析の「競合」と比較したものです。
> 　3Cと戦略キャンバスは、ともに戦略立案のシーンで使われますが、特に商品・サービスの開発や強化を考えるときには、戦略キャンバスが役立ちます。3C分析の「お客様が求める価値」を軸に、「自社の強み」を活かした新たな価値を検討し、「差別的優位点」を導き出すという流れです。
> 　競合が真似できない「オンリーワンの価値」を横軸に追加できると、そこはブルーオーシャンと考えられます。3Cの「差別的優位点」がなかなか導き出せないときに実施してみましょう。
> 　その後、あらためて3Cをまとめると、よりスッキリと整理できると思います。

3 ｜ 戦略キャンバス事例

　図15は、引き出物の宅配専門店『エンジェル宅配』(http://www.angelexpress.jp/)さんの戦略キャンバスです。

図15　『エンジェル宅配』の戦略キャンバス

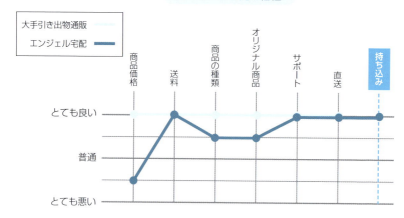

2-9 結果をまとめてみよう

　エンジェル宅配さんは、結婚式の引き出物をゲストの自宅へ直接届けるサービスを提供しています。

　競合との価格やコンテンツ比較の結果、この戦略キャンバスを描きました。これを見てわかるとおり、「直送」まで見ると、大手引き出物通販に勝てる見込みはなさそうです。

　そこで、新たな価値を付与したのが一番右の「持ち込み」です。これは、「商品は当社で買わなくても良いですよ。他社で買ったものや手作りのものでも、お預かりして引き出物としてゲストにお届けします」というサービスです。

　導入のきっかけはお客様の声でした。「引き出物を直送するときに、これも一緒に同梱してほしい」という声が多かったのです。例えば、「新婦の手作りの陶器」や「新郎の実家で作ったお米」など、なるほどと思うものばかりでした。そんな温かみを感じられる引き出物が届いたら、受け取ったゲストたちの顔もほころびますよね。これはお客様が求める大切な価値の1つだと捉え、本格的にサービス化しました。

　「持ち込み」のように手間がかかりルーチン化できないサービスは、大手だけではなく他もやりたがらないものです。そこをあえてやることで、結果として、エンジェル宅配を選ぶ理由の1つとなり、成果に大きく貢献しています。

　「お客様のリアルな声を聴きましょう」とお伝えしてきたのは、こうした大切なことに気づけるという理由もあるのです。

4　新たな価値の創出

　エンジェル宅配さんの事例は、選ばれる理由として新たな価値を創出したものです。新たな価値の創出というと、ハードルが高いように思われがちですが、それは、新しく何かを見つけ出すというよりも、すでに求められていることだけど、誰もやりたがらない、やらないから、ただ眠っているだけの需要かもしれません。

　このように、「求められているのに誰もやらないこと」は意外とたくさんあります。そこに気づくことも、今後自社が生き残り、社会に貢献していくための大

切な手がかりかもしれません。

　マーケティングとは本来、そのお客様に求められる商品やサービス、その価値を、効果的に届けることを指します。求められることがあるからこそ、届けるのです。

　「何とかこの状態で売らなくては……」という呪縛に捕らわれず、今、本質的に何を求められているのか、ということを受け止められる柔軟さを持ちましょう。

　それは、変化の激しい世の中の風潮に振り回されることではありません。自社の強みは揺るぐことなく、その強みは形を変えつつも、求められる価値として多くの人を幸せにすることが可能です。どうか自信を持って取り組んでいってください。あなたの一手が、新しい可能性を築く一歩になりますように。

第 3 章

集めるから集まるへ
―― シンプルなSEOの考え方と、
　　SEMを中心としたユーザーシナリオ分析

3-1 SEO対策はシンプルに考える

1 「集まる」サイトを目指す

「アクセスを集めるためには"SEO対策"が重要だと聞いたけど、どうすれば良いの？」

このように、SEO対策で悩んでいる方は多いと思います。

「SEO」とは、「Search Engine Optimization」の略で、直訳すると「検索エンジン最適化」という意味です。本来は、検索エンジンが考えているルールに沿ってウェブサイトを最適化するという意味ですが、一般的には、検索結果で上位に表示されるための施策を意味しています。

「検索結果で上位に表示されれば、アクセスが増え、売り上げも増える。だから売り上げを上げたければ、まずはSEO対策を頑張ることが重要だ」、そのように考える人が多く、「コンテンツSEO」や「SNSを使ったSEO」など、その時々のはやりの手法に手を出す人が跡を絶ちません。

しかし、その考え方は本当に正しいのでしょうか？ SEO対策をGoogleやYahoo!などの検索エンジン側からの視点で考えてみてください。すると答えは非常にシンプルなことがわかります。

それは、「検索エンジンは、ユーザーにとって価値があるサイトを上位に表示する」、ということです。検索エンジンの目的は、ユーザーに満足してもらえるサイトを紹介することです。つまり、**ユーザーにとって価値あるサイトが上位に表示される**のです。

あなたのサイトはユーザーから見て、価値あるサイトになっていますか？ 競合と同じような内容になっていませんか？ もしあなたのサイトのコンテンツが、どこにでも書いてあるような内容ばかりなら、ユーザーはわざわざあなたのサイトを探してまで見ようとは思いません。

これは、あなたの販売している商品やサービスについても同じです。他には無

3-1 SEO対策はシンプルに考える

い商品やサービスを提供しない限り、ユーザーからも検索エンジンからも評価されないということなのです。

こんなことをいうと、「他には無い商品やサービスを提供するなんて自分には無理だ」と思う方もいるでしょう。確かにネット時代の競争は激しく、勝ち抜くことは簡単ではありません。

しかし、よく考えてみてください。これはチャンスでもあります。あなたのサイトに、他のサイトには無い価値ある情報があれば、ユーザーは自然に集まってくるということなのです。一言で表すと、「集客不要の時代」になったのです。これからは「集める」のではなく「集まる」サイトを目指しましょう。

本章では、価値ある情報を作り、サイトの集客力を伸ばし、ひいては売り上げをアップするための戦略について詳しくご説明していきます。

3-2 「集客力」はサイトを作る前が勝負

1　サイトを制作後にSEO対策を考えても遅い

「サイトを作ったのですが、○○というキーワードでSEO対策をお願いできますか？」

いまだに当社へはこのようなお問い合わせをいただきます。しかし、サイトを作った後で、SEO対策などの集客方法を検討するのでは遅すぎます。検索エンジンはユーザーにとって価値あるサイトを上位に表示させます。サイトのコンテンツや構造を決めた時点で、検索で上位に表示されるかどうかは決まってしまうということです。すでにでき上がったサイトに対してSEO対策を行っても効果は小さいのです。

だからこそ、サイトを作る前に、サイトにどのような価値を持たせるのかという戦略を立てておくことが重要になります。

2　「集める」のではなく「集まる」サイトへ

ここからはサイトの集客力を考えるのに、SEOという狭い視点からではなく、サイト全体で最適化していくための「SEM」という観点から説明をしていきます。

SEMとは、「Search Engine Marketing」の略です。これは「Search Engine = 検索エンジン」を使ったマーケティングという意味です。マーケティングとは、簡単にいうと「売れる仕組み作り」のことです。売れる仕組みですから、ただがむしゃらにアクセスを集めても意味がありません。来てほしいユーザーを絞り込み、そのユーザーからアクセスを集めることが重要です。目指すは、ターゲットユーザーから自然にアクセスが集まってくるサイトです。

売れる仕組みを作るために、SEMを次の4ステップで考え、来てほしいユーザーが自然と集まってくるサイトを作りましょう（**図1**）。

3-2 「集客力」はサイトを作る前が勝負

図1 SEMの4ステップ

1 **ニーズ調査**
誰をターゲットにするか

2 **コンテンツ作り**
その人に何を伝えるか

3 **サイト構成**
訪問してきた人が見やすく、
使いやすいサイトにする

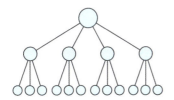

4 **SEO対策**
実際にページを作るときに、
アクセスが増えるように作成する

3-3 ニーズ調査①：来てほしいユーザーを決める

1 ターゲットユーザーを属性で考えない

SEMで最終的に目指すのは、来てほしいユーザーが自然に集まってくるサイトです。そこでまずは、あなたのサイトに来てほしいターゲットユーザーを決めなくてはいけません。

ターゲットユーザーを考えるときに「20代の女性」「東京在住の独身男性」など属性で考えてしまうことも多いですが、それではうまくいきません。20代の女性といっても、求めているものはさまざまだからです（**図2**）。

ターゲットユーザーを絞るには、**属性を見るのではなく、あなたの強みが響くユーザーは誰か**という視点で考えてみましょう。競合商品では満たされないけど、あなたの商品なら満足するというユーザーを探すのです。

そのためには、ユーザーニーズ全体を調べ、その中から自社の強みが発揮できるニーズを探しましょう。

図2 属性ではなくユーザーニーズで考える

20代女性

チーズケーキ大好き

ケーキよりお酒よ

甘いものは食べないわ

ケーキもいいけどあんこが好き

濃厚なチーズケーキが欲しい人

50代男性

20代男性

20代女性

40代女性

濃厚なチーズケーキ大好き！

2 | ユーザーニーズの調べ方

　ユーザーニーズを調べるといっても、ここではモニターを使ったり、アンケートをとったりということは説明しません。検索キーワードを調べるツールを使い、調査する方法をご紹介します。

　人が検索エンジンを使うのは、「何かの悩みや問題を抱えていて、その解決策を探しているとき」です。

　そのときの検索キーワードは、例えば、

- 肌がカサついて困っているなら
  ➡「乾燥肌　対策」
- インドへ旅行予定で、どの観光地へ行くか迷っているなら
  ➡「インド　おすすめスポット」
- 濃い味のチーズケーキを探しているなら
  ➡「濃厚　チーズケーキ」

などがあります。つまりユーザーが何を検索しているかを調べることで、**「悩み・問題点」＝「ユーザーニーズ」**を把握できます。求めていることをユーザー自身が検索キーワードで具体的に教えてくれる、これが SEM の特徴です。

　検索キーワードを調査するツールは、「Google AdWords キーワードプランナー」や「サジェストツール」など、いろいろなものがあります。Google が提供しているものならどのツールを使っても良いですし、複数のツールを使って調べても良いでしょう。これらのツールで共通していることは、何かのキーワードを入力すると、そのキーワードと一緒に検索されているキーワードや関連キーワードがわかることです。

　これらのツールを使って検索キーワードを洗い出すことで、ユーザーが悩んでいることが見えてきます。

3-4 ニーズ調査②：キーワードは「群」で見る

1 キーワードから見えてくるもの

　実際にどのようにキーワード調査をしていくのかを、具体的に説明します。今回はサジェストツールの1つである、『kouho.jp』（http://kouho.jp/）というツールを使ってみましょう。

　サイトにアクセスをしたら、試しに検索ボックスに「チーズケーキ」と入力してください。すると、「チーズケーキ」という言葉と一緒に検索されているキーワードが50音順に表示されます（**図3**）。「チーズケーキ　アレンジ」、「チーズケーキ　イチゴ」、「チーズケーキ　うまい店」、「チーズケーキ　お取り寄せ」……など、約700個近いキーワードが取得できました。これらの言葉は、実際にGoogleで検索されているキーワードです。

　取得したキーワードを見ているだけでも、「こんな言葉があるの？」「こんなことを検索しているのか」など、いろいろな気づきがあるはずです。

図3 一緒に検索されているキーワードも表示された

チーズケーキ+ あ	チーズケーキ+ い	チーズケーキ+ う
チーズケーキ アレンジ	チーズケーキ イラスト	チーズケーキ 梅田
チーズケーキ アイス	チーズケーキ いちご	チーズケーキ 宇都宮
チーズケーキ 秋葉原	チーズケーキ 池袋	チーズケーキ wiki
チーズケーキ アムウェイ	チーズケーキ 一位	チーズケーキ 上野
チーズケーキ 甘くない	チーズケーキ いつから	チーズケーキ 浦和
チーズケーキ 粗熱	チーズケーキ 犬	チーズケーキ うまい
チーズケーキ アンジュ	チーズケーキ 隠語	チーズケーキ 梅田阪急
チーズケーキ アプリコットジャム	チーズケーキ 石川県	チーズケーキ 植田
チーズケーキ アイス コンビニ	チーズケーキ 伊勢丹	チーズケーキ ウイスキー
チーズケーキ 赤坂	チーズケーキ 茨城	チーズケーキ ウエディングケーキ

2 ユーザーニーズをふるいにかける

　取得したキーワードは、そのままではまとまりがなく、ピンときません。ここで重要なのが、キーワードは「群」で見るということです。つまり、取得した

3-4 ニーズ調査②：キーワードは「群」で見る

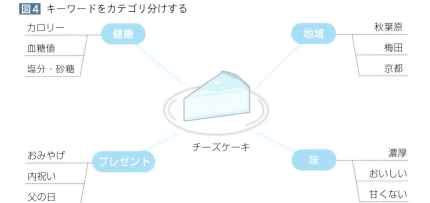

図4 キーワードをカテゴリ分けする

キーワードを、同じような意味でカテゴリ分けして整理してみるのです（図4）。

- 地域に関すること
  「チーズケーキ　秋葉原」「チーズケーキ　梅田」「チーズケーキ　京都」…
- 味に関すること
  「チーズケーキ　濃厚」「チーズケーキ　おいしい」「チーズケーキ　甘くない」…
- 健康に関すること
  「チーズケーキ　カロリー」「チーズケーキ　血糖値」「チーズケーキ　塩分」…
- プレゼントに関すること
  「チーズケーキ　おみやげ」「チーズケーキ　内祝い」「チーズケーキ　父の日」…

このようにカテゴリで分類すると、チーズケーキについて、ユーザーがどのようなことに関心を持っているのかがわかりやすくなります。

ユーザーニーズ全体を洗い出したら、次にどのユーザーニーズに対応するかを決めます。すべてのユーザーニーズに応えることはできませんし、またその必要もありません。数あるユーザーニーズをふるいにかけ、自社の強みが発揮できる分野だけに絞り込みましょう。

3-5 コンテンツ作り：ユーザーはコンテンツに集まる

1 アクセス対策のためのコンテンツは必要無い

　ユーザーニーズが絞れたら、次のステップであるコンテンツ作りを考えます。

　コンテンツを作るときによくやるまちがいとして、アクセスを集めるのが目的のコンテンツを作成してしまう、ということがあります。検索回数が多いキーワードだけに着目してしまい、結果的に、ユーザーの満足度が低く低品質のコンテンツを作ってしまう、というパターンです。このようなコンテンツに意味はありません。コンテンツはあくまでユーザーのために作ります。そうでないと、訪問はあっても成果にはつながらないでしょう。

　中でも最も重要なのは、あなたの商品の価値を説明するコンテンツです。競合商品には無い、独自の商品価値が伝われば、それがあなたのお店で買う理由になります。

　実際のコンテンツ案を、先ほどのチーズケーキの例で考えてみましょう。

　キーワードを調べていると、「チーズケーキ　カロリー」「チーズケーキ　砂糖」「チーズケーキ　血糖値」など、健康に関心のあるキーワードがありました。

　このことから、もしあなたのケーキショップが健康に気を使っているお店であれば、そのこだわりをコンテンツとして掲載することで、お客様の信頼を勝ち取ることができるでしょう。

　そこで、コンテンツ案としては、例えば、

- 健康に配慮した素材へのこだわりを伝える
- 独自の調理方法を説明する
- 各ケーキのカロリーや塩分量を記載する

などが考えられます。

　ユーザーがあなたのサイトにアクセスしてくる理由は、情報を手に入れるた

め、言い換えればコンテンツを見るためです。ユーザーが知りたいことは何かを考えてコンテンツを作りましょう（**図5**）。

図5 ユーザーはニーズに的確に訴えるコンテンツに集まる

3-6 サイト構造：ユーザーが離れていかないナビゲーション

1 どのユーザーに何を見せるのかを考える

　これで、あなたのサイトにはユーザーが必要とするコンテンツが用意されました。しかし、いくらコンテンツが良くても、使いにくく、わかりにくいサイトでは、そのコンテンツも読まれることなく、ユーザーはサイトから離れていってしまいます。そこで重要なのが、ユーザーが迷わないためのサイト構造です。

　あなたのサイトには、いろいろなニーズを持った人がアクセスしてきます。ニーズが違えば、見たいコンテンツも違います。そのためにどういったニーズのユーザーに、何を見せるのかを考えて、コンテンツをカテゴリ分けします。

　コンテンツをカテゴリ分けしたら、次に、ユーザーが興味を持っているコンテンツへ、迷うことなく簡単にたどり着けるようなナビゲーションを考えます。

2 ユーザーを迷わせない4つのナビゲーション

　例えば、

- トップページからサイトへ来た人には
  ➡自分がどのカテゴリを見れば良いのか、行き先を案内する（**図6**）
- 個別ページに直接アクセスして来た人には
  ➡今サイトのどの階層にいるのかを示し、他の類似コンテンツへ案内する

など、ナビゲーションの作り方でサイトの使いやすさは変わってきます。

　ナビゲーションを設計する際には、次の3つのことを意識してください。

- 自分の欲しい情報がどこにあるのかがわかる
- 今自分がどこにいるのかがわかる
- 次に行きたい場所がわかる

3-6 サイト構造：ユーザーが離れていかないナビゲーション

そのために必要な、「グローバルナビゲーション」「ローカルナビゲーション」「コンテキストナビゲーション」「パンくずリスト」の4つのナビゲーション（**図7**）をご紹介します。

図6 トップページでのナビゲーション例

図7 サイトマップと4つのナビゲーション

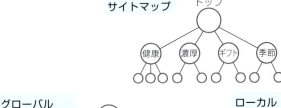

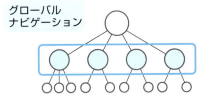

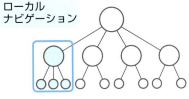

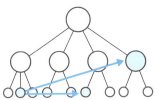

● グローバルナビゲーション

通常、サイトの上部に設置されるナビゲーションです。サイト全体の案内をする役割を持ちます。ユーザーはまずこのグローバルナビゲーションからサイトの概要を知ります。

ユーザーが探しているコンテンツは、必ずグローバルナビゲーションからたどり着けるように設計しましょう。

● ローカルナビゲーション

この「ローカル」とは、「現在いるカテゴリ内」ということを意味します。つまり今いるページと同じカテゴリ内を案内するナビゲーションになります。

カテゴリはニーズごとに分けられていますから、同じカテゴリ内の記事はどれも関心が強いはずです。そのため、通常ユーザーは同一カテゴリ内を行き来し、複数のコンテンツを閲覧します。

● コンテキストナビゲーション

各ページのコンテンツ内で張られているリンクのことです。ある記事の中で、その内容を補足するために、他の記事も参考にしてほしい場合に使います。

例えば、商品詳細ページを見ているユーザーに健康にこだわっている内容を伝えたい場合、それが説明してあるページへリンクを張る、などの使い方があります。

● パンくずリスト

今見ているページがサイトのどこなのか、現在地を表します。パンくずリストには、ユーザーがサイトを見てきた形跡が示されます。これにより、たどってきたページにすぐに戻ることができます。

また、ユーザーはトップページからアクセスしてくるとは限りません。検索結果から直接個別ページにアクセスしてくる場合も多いです。そのような場合でも、パンくずリストがあれば、サイト内の現在位置がすぐにわかります。

3-7 SEO対策：SEO対策を「捨てる」

1 必要なSEO対策はシンプル

　以上で、ユーザーが自然に集まってくるサイトの戦略が固まりました。ここからは最後のステップであるSEO対策について見ていきましょう。

　SEO対策というと、検索結果で上位表示させるためのテクニックと勘違いされていますが、最初に説明したように、その本質はサイトの最適化です。

　しかし、ネット上にはサイトの最適化についての情報よりも、「リンクを獲得しよう」「毎日更新しよう」などの小手先のテクニックと思われるアドバイスが目立ちます。また、「月〇〇円でSEO対策をします」などの営業も多く（コンテンツを作る以外に毎月の対策など必要ありません）、詳しくない方にとっては一体何が正しくて、何を信じれば良いのか迷ってしまうことでしょう。

　そこで、一度このようなSEO対策の情報は遮断してください（**図8**）。

図8 SEOの情報を遮断しよう

ユーザーは自分の問題を解決するためにコンテンツを探しています。満足する情報が見つからない場合は、検索キーワードを変え、何度も検索を繰り返します。あなたのサイトに競合サイトには無いコンテンツがあり、ユーザーはそのコンテンツを求めているとするならば、そのようなコンテンツをユーザーに届けることが、本来の検索エンジンの役割です。

　つまり、あなたがやるべきことは、自分のサイトに書いてある内容を検索エンジンやユーザーに伝えることです。

　そのために一番重要なのが、「タイトルタグの最適化」です。これだけでSEO対策としては十分に効果があります。まずはこれだけをしっかりと学んでください。その他のSEO対策について考える時間があるならば、その分コンテンツのブラッシュアップに時間をかけましょう。

3-8 SEO対策で重要なたった1つのこと

1 タイトルは3Cを意識する

　タイトルタグとは、HTMLの「<title></title>」のことで、その名のとおり、各ウェブページの「タイトル」となるところです。Googleで検索すると、検索結果には通常このタイトルが表示されます（**図9**）。

図9 検索結果にはタイトルタグが表示される

　タイトルですから、そのページに書かれてある内容の要約となります。しかし単純に要約したものを書いても効果的ではありません。このタイトルの付け方で、ユーザーに読まれるかどうかが決まるからです。

　例えば本屋で投資関連の本を探しているところを想像してみてください。どの本を選ぶかは、内容よりもまずはタイトルを見て判断するのではないでしょうか？タイトルに魅力がなければ、内容の良しあしにかかわらず、手にとってすらもらえないのです。

　ウェブページも同じです。タイトルの付け方ひとつで、ユーザーに届くかどうかが決まります。

　タイトルにはこのように、**「ページの要約」**と**「ユーザーの興味関心を引く」**という2つの役割があります。

この2つの役割を持つ魅力的なタイトルを作るには、3C分析の「ベネフィット」と「差別的優位点」をベースに考えると良いでしょう。

ベネフィットとはユーザーが求めるものでした。ユーザーは検索して求めている情報を探します。つまりベネフィットは検索キーワードそのものになります。

差別的優位点は競合との好ましい違いでした。タイトルに魅力を伝えるポイントを含めることで、ユーザーの興味関心を引きます。

つまりタイトルには、

- ユーザーが使う検索キーワードを入れること
- 競合との差別的優位点を入れること

の2つがポイントになります（**図10**）。それぞれについて詳しく説明します。

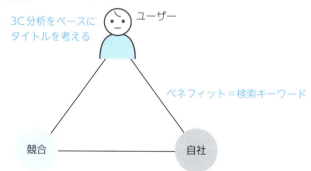

図10　タイトルの付け方

2 タイトルにはキーワードを入れる

例えば「低カロリー　チーズケーキ」と検索して、その検索結果に表示されるタイトルとして適切なのはどちらでしょうか？

1. キムラショップの商品一覧
2. 低カロリーで濃厚なチーズケーキの商品一覧

1の場合、タイトルだけでは何の商品が載っているのかわかりません。それと比較して2の場合は、タイトルだけでどんな内容のページか想像がつきます。またユーザーは無意識に自分が検索したキーワードを探します。キーワードが無いと自分の探している情報ではないと判断してしまうからです。

これらのことから2のほうがタイトルとしては適切で、こちらのほうが上位に表示されやすいでしょう。

ここで注意してほしいことがあります。**タイトルにキーワードを詰め込みすぎない**ということです。タイトルにキーワードをたくさん入れることで、いろいろなキーワードで上位に表示されるのではないかと考える人も多いですが、そのようなことはありません。キーワードを詰め込みすぎることで、何について書いてあるページなのかわかりにくくなり、逆にどんなキーワードでも上位に表示されない、という危険性があります。

3 クリックされなければ意味がない

Googleの検索結果には、広告を除くと通常10件のサイトが表示されます。ユーザーは検索結果の1位から順番にクリックするわけではありません。その中から、自分に関心があるタイトルをクリックします。つまりタイトルを工夫することにより、多少順位が低くても、ユーザーからのクリックを多く獲得できるのです（**図11**）。

先ほどの「低カロリーで濃厚なチーズケーキの商品一覧」というタイトルを見てください。「低カロリーで濃厚」と、ターゲットとしているユーザーが惹かれ

るキーワードが含まれているため、より多くクリックされることが期待できます。またその結果として Google が良いサイトと判断し、上位に表示される可能性も高まるのです。

　他にも通販サイトであれば、商品紹介ページに「試着可能」「返品 OK」、水道や電気工事の会社であれば「最短 30 分で到着」など、競合との差別的優位点をベースにあなたのサイトならではの特徴をタイトルに入れましょう。

図11　順位よりもタイトルの内容が重要

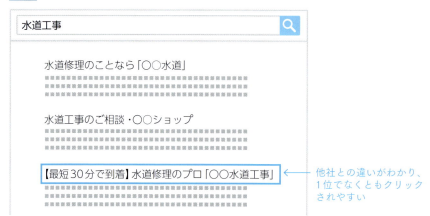

　タイトルを付けるときにもう 1 つ注意してほしいことがあります。それは**重複するタイトルを付けないようにする**ことです。基本的にページの内容が違えばタイトルも違ってくるはずです。似たような内容のページがあっても、タイトルは必ず変えましょう。

　そのためにサイトを設計する段階で、サイトマップにそれぞれのページで上位表示を狙うキーワードを記入しておくと良いでしょう。タイトルが違えば狙うキーワードも違いますから、このように管理することにより制作者全員で内容を確認できます。

4 指名検索されるサイトを目指そう！

　以上タイトルタグについて説明をしましたが、もう1つこれからのSEOを考える上で重要なことをお伝えします。それはあなたのサイト名で検索される「指名検索」されることを目指してほしいということです。

　例えば、カジュアルウェアを探しているときに、「ユニクロ」と検索してから目的の商品を探す、というような経験はないでしょうか？　これは他のサイトよりも、ユニクロの商品のほうが良いと考えるから、ユニクロを指名検索しているのです。

　サイト名で指名検索されるということは、ユーザーがそのサイトを求めており、信頼していることの証でもあります。今後は検索エンジンもそのようなサイトの評価を高めてくるはずです。

　これからはユーザーの信頼を勝ち取り、指名検索されるサイトを目指してください。そのためにはウェブマーケティングだけを考えるのではなく、リアルで評価されるためにはどうすれば良いのか、ということも考えることが必要です。ネットはリアルの影です。リアルで評価されないものはネットでも評価されない、ということを忘れないでください。

3-9 それでもSEO対策が気になるあなたに

1 疑り深い人たち

「SEO対策は、まずはタイトルタグの最適化だけすれば良い」と説明しても、多くの方は納得をしません。それは、どこかにもっとうまい方法があるはずだと考えているからです。そこで多くの方が信じている、SEO対策にまつわる誤解を3つ紹介します（**図12**）。

図12 SEO対策における3つの勘違い

2 誤解① SEO対策には裏技がある

SEO対策の情報を探したり、怪しげな業者にSEO対策を依頼してしまうのは、どこかに自分が知らないSEO対策の裏技があるに違いない、と考えているからです。

しかしSEO対策に裏技はありません。仮に何らかの裏技で順位が上がったとしても、そのようなものに意味はありません。裏技はいつか通用しなくなりますし、短期的な順位の変動で一喜一憂するのは馬鹿げています。裏技を求めている人の本心は、Googleをだますことで自分のサイトを上位表示させたいということです。しかし、Googleの裏をかくようなSEO対策を探している限り、あなたのサイトが上位に安定することはありません。

3 誤解② 誰もが同じ検索結果を見ている

次に、誰もが同じ検索結果を見ているという勘違いです。最近の検索結果は万人に共通しているわけではありません。誰が検索するか、どこで検索するか、スマホかPCのどちらで検索するかなど、さまざまな条件により検索結果は違います。

中でも進んでいるのが、検索結果の「パーソナライズ」と「ローカライズ」です。

● パーソナライズ

同じキーワードで検索しても、人によって検索結果が違うことです。例えば筆者がお客様と電話しているときに「○○で検索していただき、1位のサイトが当社のサイトです」などと言われますが、筆者のPCでは1位は違うサイトの場合があります。

これは、Googleが使う人に合わせて検索結果を変えているためです。過去に検索したキーワードやよく訪問するサイトの情報などを元に、その人に適したサイトを上位に表示させているのです。

● ローカライズ

こちらは人ではなく、検索する場所によって結果が違うことです。例えばある人が「おいしいラーメン屋」と検索したときに、東京と名古屋では表示される結果が違ってきます。

これは検索者がどこから検索しているかを判断し、その場所に適した検索結果を表示させているためです。

このように検索結果が多様化する状況の中で、特定の検索結果の上位表示をコントロールすることなど不可能ですし、その意味もありません。

4 誤解③ 上位表示されれば売り上げが上がる

　これが一番多い勘違いです。多くの人がSEO対策さえうまくいけば売り上げが上がると思い込んでいますが、そんなに単純なものではありません。実際にアクセスが増えても、売り上げは変わらなかったというサイトは多いです。以前筆者が相談を受けたゲームの買取サイトも、あるキーワードで1位だったためアクセスは多くありましたが、月の買取件数は0〜1件という状況でした。つまり、売り上げが増えないのはアクセスの問題ではなく、サイトや商品の問題なのです。

　ユーザーはあなたのサイトに訪問しても、そこで価値を見いだせなければ購入することなく立ち去っていきます。

　何度も言いますが、重要なのは競合商品には無い、あなたの商品の価値を伝えることです。あなたの商品が他には無い価値を提供しているのならば、その価値を必要としているユーザーはあなたのサイトを見つけ出してくれます。

　意識しないといけないのは、むやみにアクセスを増やすことではなく、ユーザーにどんな価値を与えることができるかなのです。

3-10 1人のユーザーと出会うためのSEO対策

1 1人にフォーカスしよう

今まではSEO対策というと、できるだけ多くの人からアクセスを集めようとしていました。しかし、これから考えていただきたいのは、1人のユーザーにフォーカスしたSEO対策です（**図13**）。

ユーザーは何か購入するときに、最初から欲しい商品が決まっているわけではありません。いろいろな商品を比較検討し、最終的に〇〇が欲しいと具体的に絞り込みます。

あなたのサイトには、欲しい商品が決まっているユーザーだけでなく、まだ何が欲しいのか決まっていないユーザーからのアクセスもあります。そのようなユーザーのために、商品選びの助けになるような**ガイドコンテンツ**を用意しましょう。

つまり、1人のユーザーが購入に至るまでの具体的な行動を想定し、そのス

図13 1人のユーザーと出会うためのコンテンツを考えよう

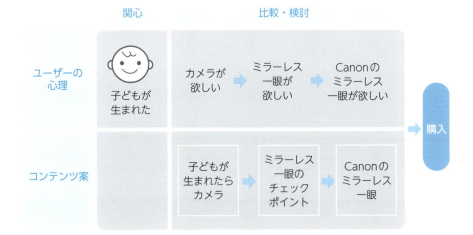

テップごとに必要なコンテンツを作成するのです[※1]。

　想定したユーザーと出会うために、どんなコンテンツが必要ですか？　どんなコンテンツを用意しておけば、そのユーザーと出会えますか？　これからは、そんな1人のユーザーと出会うためのSEO対策を考えていきましょう。

2 新しいSEM

　SEMは、SEO対策やリスティング広告のテクニックを覚えることではありません。検索エンジンからの訪問者に向けたマーケティング全体のことです。だからこそ、ウェブサイト全体の最適化を図ることで、初めて効果が現れるということが、本章でご理解いただけたと思います。

　そのためにやるべきことは多いですが、ここで説明した内容まで考えられているサイトはまだまだ少ないです。

　また、ここでお伝えしたことは、SEOのためになるだけではなく、本来のマーケティング、つまり「選ばれる理由」を作ることに他なりません。そこにあなたのサイトがしっかり取り組んでいれば、ネット以外でもきっと競合と差別化ができるはずです。

　今までの「Search Engine Marketing」からステップアップし、これからのSEMは「Site Entire Marketing」（サイト全体でのマーケティング）で考えていきましょう。

※1　具体的なコンテンツの作成に関しては第5章を参照。

第 **4** 章

これからの
リスティング広告
―― 自動化とテストマーケティングの時代

4-1 リスティング広告は完璧を目指すとキリがない

1 完璧を目指すとやることが増えすぎる

　リスティング広告は完璧を目指すとどこまでも際限なくやることが増えてきます。例えば、こんなことをやった（指示された）ことはありませんか？

「キーワードごとに広告を細かく設定をして、それぞれのキーワードで意図した広告が出るようにアカウントを細かく設定をする」

「ロングテールのキーワードを狙って3語、4語、5語以上のキーワードも、検索ボリュームのある無しにかかわらず、機械的に組み合わせて大量のキーワードを登録する」

「曜日や時間帯で広告の掲載順位をコントロールしたいので、マニュアルで管理する」

「都道府県ごとに広告を変えたいので、キャンペーンを47都道府県に分ける」

「リスティング広告はコンバージョンだけ増やせば良い（部分成果至上主義）」

「単価調整は時間の許す限り、マメに行ってほしい（時間があったら24時間画面に貼りつかなきゃいけないの？）」

「部分一致のキーワードを登録して検索語句（検索クエリ）レポートを確認したら、無関係なキーワードに広告が表示されて怒られた」

「無駄な広告の露出を避けるためにすべてのキーワードを完全一致で登録するように指示された」

「デバイスごとに管理したいのでアカウント構成はそれぞれのデバイスごとに分けてほしい」

「今月中にリスティング広告で何とか結果を出してほしい（短期の視点でしか考えていない）」

「ランディングページは変更せず、リスティング広告の改善しかしない」

「リスティング広告の成功の秘訣はテクニックだと思っている」

……など

数年前まではテクノロジーが広告主の運用ニーズに追いついていなかったため、システムに任せるよりも、手作業で細かく設定してあげると効果がありましたが、現在ではここまでやらなくても大して結果に差が出ないようになりました。一方で、リスティング広告の成果を改善するためにリスティング広告以外のことにもっとかかわらなければならなくなりました。

2 これからは新しい考え方で取り組む必要がある

振り返ってみると、筆者自身も12年くらい前のリスティング広告を覚えたての頃は、リスティング広告だけで成果を上げようとしていました。ウェブマーケティングといえばSEM（サーチエンジンマーケティグ）を指す時代でしたのでそれで良かったのかもしれません。しかし、時代は変わり今やSEM（サーチエンジンマーケティグ）だけでは不十分になりました。その原因は世間一般では**オムニチャネルといわれている消費行動の変化**です。リスティング広告だけで成果が出せる時代ではなくなっているのです。一方で、リスティング広告を1つの点で考えるのではなく、テレビ、SNS、雑誌、実店舗などを線で結ぶ戦略を考える重要性が高まっています。

リスティング広告に対する今までの考え方は通用しなくなってきています。古いリスティング広告運用の考え方は捨て、新しい考え方で運用していかなければなりません。

繰り返しになりますが、時代は変わっているのです。

運用者も変わっていかなければなりません。

この章ではリスティング広告のジャンルでフォーカス＆ディープ（絞り込みと集中）できること。引き算をしても良い部分とより深く取り組むべきことを紹介していきます。

具体的には以下の3つを捨て、特に3つの重要なことに取り組む必要があります。

第4章 これからのリスティング広告——自動化とテストマーケティングの時代

捨てること
・リスティング広告だけで成果を出そうとすることへのこだわり
・マニュアル（手動）管理志向（アンチ自動化志向）
・部分成果至上主義

取り組むこと
・戦略（上流）
・自動化
・環境調査

4-2 リスティング広告は本当に必要？

1 リスティング広告の変化と現状

「リスティング広告を出稿すれば、売り上げは必ず上がる」、リスティング広告が登場した頃はそんな風に言われた時代もありました。日本にリスティング広告が入ってきたのは2002年です。確かにその頃はそうでした。リスティング広告を初めて知った方からは「まるで魔法のようだ」と言われたこともあります。

しかし、時代は移り変わり、2017年。さすがに「リスティング広告を出稿すれば、売り上げは必ず上がる」という時代ではなくなりました。市場の必然の流れです。効果があれば競合は増えるからです。

それでも、運用テクニックで効果を上げられる時代もありました。2009年頃になるでしょうか。この頃はすでにリスティング広告を活用する企業も増えてきていましたが、アカウント構成の組み方や広告文の作成テクニック、上限クリック単価の調整テクニックなどで、運用が上手な人が多くの成果を得られる時代でした。また、この頃に運用の自動化ツールが登場し始めましたが、人が運用したほうが良い結果が出ることが多かったので主流ではありませんでした。

しかし、2017年現在、自動化（機械学習）はより高機能になり、今では人では到底かなわないようなレベルの運用までを行ってくれるようになりました。そのおかげもあり、広告運用者への依存度は以前よりは低くなりました（**図1**）[1]。

---

[1] 運用者が不要というわけではなく、大枠の意思決定などはやはり人が行う必要があります。

第4章 これからのリスティング広告──自動化とテストマーケティングの時代

図1 リスティング広告は自動化ツールが高機能になり、運用者への依存度は低くなってきた

	2002年頃	2009年頃	2017年
自動化の流れ	なし	自動化が始まる	自動化ツールがより高機能に
リスティング広告を活用する競合	少ない	多い	とても多い
広告運用者への依存度	高	中	低

2　現代のリスティング広告の本質

　リスティング広告を出稿すれば、売り上げは必ず上がるという時代は過ぎ去りました。広告運用者への依存度も低くなってきています。それでは、今、競合に負けないリスティング広告の本質とは何なのでしょうか。

　それは、提供している商品やサービスそのものに「他社との差別的優位点があるか」ということです。結局のところ、「良いモノ」や「良いコト」が選ばれる時代なのです。良いモノや良いコトを、お客様は検索エンジンや口コミサイトやソーシャルなどを使って比較しています。その中から選んでもらわなければならないのです。中身が伴っていないままにリスティング広告を行っても、モノやコトは売れません。仮にそれで売れたとしても、リピートはしてくれないでしょう。

　つまり、リスティング広告を始める前に、取り扱っている商品やサービスが良いモノなのかどうかを調査する必要があります。言い換えれば、競合の商品、サービスと比較して差別的優位点があるのかどうかを考える必要があります。

　これを考えていくと、結局ターゲットとする人たちは誰なのか、ということもあわせて考えることになります。これが3Cです（**図2**）。

　競合が多いからこそ、3Cを考えてからリスティング広告に取り組まないと、うまくいかないでしょう。

　逆にリスティング広告がうまくいかない場合の原因は、大抵このあたりにあります。ターゲットは誰か、そのターゲットが求める価値は何か、そして、差別的

優位点はあるのか。本当に成果を出したいなら、この確認が終わってからリスティング広告を開始しましょう[※2]。

図2 リスティング広告における3Cの活用

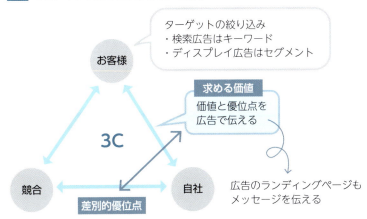

※2 ターゲットの選定方法についての詳細は「1-8 価値を絞り込む、お客様を絞り込む」を参照。

4-3 運用をやめる

1 手動管理をやめて自動化の技術を活用する

2017年現在、リスティング広告の自動化（機械学習：**図3**）が高度になってきているのは先に解説したとおりですが、具体的にどのように動いているのでしょうか。Googleのウェブサイトでは、どのようなシグナルを使用しているのかが公開されています（**図4**）。

公開されているのはほんの一部のシグナルのみで、実際にはもっと多くのシグナルを使用しているようです。シグナルを2つ以上組み合わせて調整されることもあるということです。例えば**図5**のように「時間帯」「地域」「実際の検索語句」を組み合わせて調整を行うこともあります。

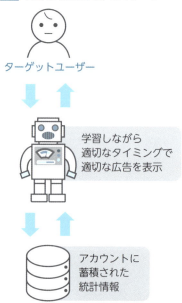

図3 自動化（機械学習）のイメージ

4-3 運用をやめる

図4 シグナルの一例[※3]

シグナル	内容	例
デバイス	検索が行われているデバイスの種類（パソコン、タブレット、モバイル）に基づいて入札単価を最適化	広告主様：**自動車販売店** 「車 販売店 店舗」で検索したユーザーが、自宅でパソコンを使っているのか、外出先でスマートフォンを使っているのかを考慮して入札単価を調整
地域	ユーザーが所在している地域や検索対象地域を都市レベルまで絞り込み、（アカウントの設定ターゲット地域より絞られた都市別）入札単価を最適化	広告主様：**銀行** ターゲット地域が東京都に設定されていても、「口座開設」で検索するユーザーについては、都内のどの地域かを考慮して入札単価を調整（例：新宿区と青梅市では支店数が大幅に異なる）
曜日、時間帯	ユーザーのタイムゾーンにおける時間帯や曜日に基づいて入札単価を最適化	広告主様：**コーヒーショップ** ユーザーが月曜の出勤前午前7時に検索しているのか、昼食時の正午に検索しているのかを考慮して入札単価を調整
検索広告向けリマーケティングリスト（RLSA）	RLSAの登録ユーザーかどうかを考慮	広告主様：**オンラインショップ** 過去にサイトを訪れて対象商品を閲覧したユーザーかどうかを考慮して入札単価を調整
実際の検索語句	広告掲載の対象となった検索で、一致したキーワードだけでなく、実際の検索語句に基づいて入札単価を最適化	広告主様：**靴の小売店** キーワード「ブーツ」が部分一致した場合でも、ユーザーの検索語句が「革のブーツ」か「ブーツの修理」かを考慮して入札単価を調整
広告内容	特定の検索語句に対して表示可能な広告が複数ある場合は、どの広告が表示されるか（モバイルアプリのダウンロードを促進する広告かどうかなど）に基づいて入札単価を最適化	広告主様：**オンライン旅行会社** 「最新格安ツアー情報」や「人気の旅行先」を宣伝する広告か、モバイルサイトやモバイルアプリをリンク先とする広告かを考慮し、対象の検索語句でコンバージョンの可能性が高いパターンかどうかを見極めて入札単価を調整
言語	ユーザーの言語設定に基づいて入札単価を最適化	広告主様：**英語の学習サイト** 「新しい言語学習」という検索語句では、広告を表示するユーザーのGoogleの言語設定が日本語か英語かを考慮して入札単価を調整
ブラウザ	検索が行われているブラウザの種類に基づいて入札単価を最適化	広告主様：**ソフトウェア会社** 「mac ソフトウェア」で検索したユーザーの使っているブラウザがSafariかInternet Explorerかを考慮して入札単価を調整
OS	検索が行われているOSの種類に基づいて入札単価を最適化	広告主様：**スマートフォンアクセサリ販売店** 「Nexus 6 スマートフォン ケース」で検索しているユーザーのモバイル端末のOSがAndroidかiOSかによって入札単価を調整
検索パートナー	広告がどの検索パートナー サイトに表示されるかに基づいて、入札単価を最適化	広告主様：**消費財メーカー** eコマースとニュースのどちらの種類のサイトのほうが、その検索語句との関連性が高いかを考慮して入札単価を調整

※3 https://services.google.com/fh/files/misc/search_autobidding_jp.pdf

図5 シグナルは組み合わされることもある

　これらのシグナルを使用し機械学習を行い、どのタイミングでどんな広告を表示すると成果が出るのかを、広告表示のチャンスがあるたびにリアルタイムの情報を元に調整を行います。
　このレベルまでくると組み合わせは無数にあるので、とても人の及ぶ領域ではありません。現在の自動化（機械学習）は人ができる調整のレベルを超えているということがおわかりいただけるでしょう。
　こういった調整は、もう自動化（機械学習）に任せてしまい、例えば、「値下げ」「値上げ」のような、人でしか判断できない本質的な部分に時間を割くようにしましょう。

2　過度な最適化はやめる

　自動化（機械学習）がすでに人が到底及ばないレベルまで高機能になったことは、先ほど説明しました。
　これまでは、「デバイスごとにキャンペーンを分ける」「細かいキーワードまで登録をしてロングテールを拾う」「同じキーワードでもマッチタイプごとに広告グループを分ける」など細分化することで、人力で広告をコントロールし、一定の成果を上げることができました。
　一方で、このやり方の欠点として、運用が属人的になりやすく、広告運用者の

スキルや、運用に割ける時間の量によって成果が大きく左右されてしまうという点があります。

これを解決するのが自動化（機械学習）です。前述したとおり、今では人が到底及ばないレベルでの自動化（機械学習）が行われているので、従来のような人力による過度な最適化は必要なくなりました。もう下記のような過度な最適化はやめましょう。

● **過度な最適化事例 1**

「検索数がほとんど無いような細かいキーワードまで登録する」

現在は、検索数がほとんど無いようなキーワードは、登録しても「検索ボリュームが少ない」と管理画面に表示されて広告が表示されません。このようなキーワードに時間を割くことはもうやめましょう。

● **過度な最適化事例 2**

「都道府県別にキャンペーンを分ける」

人口が多い都道府県はキャンペーンを分けても統計データを貯めやすいので問題ないですが、人口の少ない都道府県を分けるのはもうやめましょう。統計データが少なく自動化（機械学習）がうまく働きません。

● **過度な最適化事例 3**

「同じキーワードをマッチタイプごとに広告グループを分ける（一部のデータで最適化するな）」

以前は同一キーワードであってもマッチタイプごとに広告グループを分け、細かな調整を行い、広告をコントロールすることで成果を出すことができましたが、現在は自動化（機械学習）があるので、分ける必要はありません。逆に、分けてしまうと統計データが少なく自動化（機械学習）の妨げになります。

4-4 リスティング広告だけで解決しようとしない

1 リスティング広告よりも値下げ

「ハンマーを持つと、何でも釘に見えてくる」という言葉があるように、リスティング広告を運用していると、ついつい何でもリスティング広告で解決しようとしてしまいます。

「もう少しコンバージョン単価を上げても良いなら、売り上げをもっと伸ばせるのに」そう思ったことはありませんか。

「**コンバージョン**」という語句を初めて聞く方のために、まずはコンバージョンとは何かを説明します。

● リスティング広告でいうコンバージョンとは？

リスティングで使われるコンバージョンとは、**「広告」をクリックしたユーザーが、サイトでの商品購入や、資料請求、メルマガ登録などの行動に至ること**を呼んでいます。どのような行動をコンバージョンとみなすかは、広告主側で指定できます。例えばECサイトであれば商品購入をコンバージョンとして計測するのが普通ですが、会員登録を目的とした広告なら会員登録をコンバージョンとみなすこともできます[※4]。

【例】
- ECサイトのコンバージョン → 商品の購入（延べ数でカウント）
- 保険会社のコンバージョン → 資料請求（1人1回でカウント）
- メディアサイトのコンバージョン → メルマガ登録（1人1回でカウント）

※4 コンバージョン（Conversion）とは、和訳すると「転換」という意味になります。見込み顧客が顧客に転換したという意味で使われます。どのような行動をコンバージョンとみなすかで意味やカウント方法が変わってきます。

4-4 リスティング広告だけで解決しようとしない

コンバージョン単価とは、CPA（Cost per Action または Cost per acquisition）とも呼ばれコンバージョン1件を獲得するのにどれくらいの広告費がかかっているのかを表す指標です。コンバージョン単価は図6のように計算します。

図6 コンバージョン単価

$$コンバージョン単価 = \frac{広告費}{コンバージョン数}$$

つまり、コンバージョン単価を上げると今まではコンバージョン単価が高くなるために広告を出すことができなかったキーワードや関連ウェブサイトに広告を出す余裕が出てきます。そうすることで、コンバージョン（売り上げ）を増やすことができるのです。

しかし、そんなときもっと簡単な方法があります。値下げです。

図7を見てください。広告費が減り利益が増えるということになります。具体的にどういうことかというと、値下げをすることで、一般的には商品が売れる確率は高くなるので値下げ前よりも少ない広告費で商品を売ることができます。

例えば、ネット上で最安値10,000円で売られているものを、あなたは10,500円で売っているとします。しかし、コンバージョン単価1,000円の広告費がかかっているとします。

さらに売り上げを伸ばすために、コンバージョン単価を1,500円までかけるよりも、値下げをして、10,000円のネット最安値にしてあげるほうが、お客様にとって魅力的ではないでしょうか。

このように値下げによる改善が見込めるのは、例えば、型番商品でギリギリの

図7 商品1個あたりの利益シミュレーション

	販売価格	粗利	広告費	1個あたりの利益	販売数	総売り上げ
従来の設定	10,500円	5,500円	1,000円	4,500円	10	105,000円
CPAを1,500円にした場合	10,500円	5,500円	1,500円	4,000円	20	210,000円
値下げした場合	10,000円	5,000円	1,000円	4,000円	100	1,000,000円

安い！

価格で競合と戦っている場合です。この場合だとユーザーの価格感度が高い状況なので、値下げすることで一気にコンバージョンを増やすことができます。

● コンバージョン単価を 1,500 円にした場合

　商品 1 個あたりの販売に広告を 1,500 円かけて販売数を伸ばそうとした場合、販売数は伸びますが、販売価格は変わらないので消費者には何もメリットがありません。

● 値下げをした場合

　この場合、最安値まで値下げをしているので消費者にもメリットがあります。売り主も最安値にすることで販売数を劇的に伸ばすことができ、双方がハッピーになりました。

　このように、値下げをすることで、消費者にもメリットを与え、利益も増やすことが可能となります。何でもリスティング広告の設定で解決せず、状況に応じてこのような方法を使うことも検討しましょう。

2　値上げによる成果改善

　値下げをすることで成果を良くする方法を紹介しましたが、逆に値上げをして、その分を広告費などのマーケティングコストに追加することで、成果を高める方法もあります。

　家電やブランド品とは異なり、価格比較が難しい食品や雑貨、オリジナル商品の場合、また、競合の価格にも幅があるような価格感度が鈍い状況では、価格と品質のバランスの評価が難しく、値上げをしてもコンバージョンへの影響が少ないのです。それなら、むしろ値上げをすることでリスティングコストを捻出してコンバージョン単価の上限を高くすることもできます。

　価格感度が鈍い状況では、値下げをするのではなく**値上げをすることで競争力を高める**戦略をとるべきです。価格を上げることで粗利が増えるため、商品を 1 個売るためにかけることができる広告費を増やすことができます（**図8**）。もち

4-4 リスティング広告だけで解決しようとしない

ろん、3C分析で顧客のニーズとマッチした差別的優位点があることが条件です。差別的優位点が無いままに値上げをしても成果は落ちるだけです。必ず環境調査を行い、差別的優位点を明確にしながら値上げをします。

お客様は必ずしも価格の安さだけを求めているのではありません。例えば、贈答用のカニや牛肉であれば価格よりもギフトに最適なパッケージの有無のほうが重要かもしれません。また、互換インクのように、継続的に使うものなら手厚いサポートを求めているかもしれません[※5]。このように、価格が高くても、他に付加価値があるなら、選ばれる場合もあります。3C分析で見つけたお客様の求める価値と差別的優位点を自社の商品やサービスとマッチングさせることで、お客様に喜んでもらい、粗利も増やすことができます。

図8 商品1個あたりの利益シミュレーション

	販売価格	粗利	広告費	1個あたりの利益	販売数	総売り上げ
従来の設定	10,500円	5,500円	1,000円	4,500円	10	105,000円
広告費を増やした場合	10,500円	5,500円	1,500円	4,000円	20	210,000円
付加価値をつけて値上げした場合	11,500円	6,000円	1,000円	5,000円	40	460,000円

高いけど、こういうのを探していたんだ!

● 広告費だけを増やす場合

リスティング広告だけで解決しようとする悪手のケースです。広告費だけを増やす場合、価値は変わっていないので成果を出し続けるには広告を増やし続けなければなりません。最終的にはリスティングコストは限界を超え、赤字になります。

● 付加価値をつけ、値上げをして利益を増やす場合

付加価値をつけ、適正な価格に値上げをする場合のケースです。この場合、お客様の求める価値と差別的優位点がマッチしているため、選ばれる理由が明確にあります。そのため販売数も伸び、結果的に利益も増えます。

※5　両社の事例についての詳細は第5章を参照。

4-5 コンバージョン率が上がってコンバージョン単価が下がる

1 コンバージョン率とコンバージョン単価

「コンバージョン率」とは、広告のクリックに対してどれくらいの割合でコンバージョンしているかを示した割合で、図9のように計算します。

図9 コンバージョン率

$$\text{コンバージョン率} = \frac{\text{コンバージョン数}}{\text{クリック数}}$$

「コンバージョン単価」とは、前節でも解説しましたが、コンバージョン1件を獲得するのにどれくらいの広告費がかかっているのかを表す指標です。

2 リスティング広告以外でコンバージョン数を改善する

つまり、コンバージョン単価は安いほうが良いということになりますが、安くするには、広告費を安くする以外にコンバージョン数を増やす方法があります。

広告費を安くするには、リスティング広告側でクリック単価を調整する必要がありますが、今は自動化（機械学習）を使って一定の成果が出せるはずです。

ここで着目してほしいのは、コンバージョン単価を下げるためのもう1つの方法、コンバージョン数を増やす方法です。コンバージョン数はリスティング広告の運用だけで決まるわけではありません。商品・サービスの価値によっても変わります。他にもウェブサイトの構造やコンテンツによっても大きく変わります。リスティング広告の管理画面では見えない部分ですが、Googleアナリティクスで観察しながら改善します。例えばリスティング広告のランディングページをGoogleアナリティクスで観察しながらコンテンツを見直したり、ランディングページのリンク先を別の商品・サービスのページに変更したりします。

4-5 コンバージョン率が上がってコンバージョン単価が下がる

　具体例で考えてみましょう。**図10**のサイト改善前の場合、広告費10万円に対してコンバージョン数は100件しかありません。これをサイト改善しました。すると、広告費は10万円のままで改善前と変わっていないのに、コンバージョン数は200件になりました。

　このように、広告費を変える必要なく、サイトを改善することでコンバージョン単価を改善できます。コンバージョン単価を改善する場合は、広告側だけでなくサイト側を見直す方法もあるのです。

　また、サイトを改善した場合、リスティング広告以外でも集客のランディングページとして活用できれば、状況によってはリスティング広告で誘導したユーザー以外にも効果があります。ユーザーの消費行動シナリオ全体を見渡して、ボトルネックはどこにあるのか、何を改善すべきか、柔軟に検討しましょう。

図10　サイト改善によるコンバージョン単価の変化

コンバージョン単価 = 100,000円（広告費）/ 100（コンバージョン数）
コンバージョン単価は1,000円

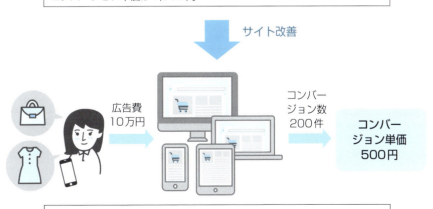

コンバージョン単価 = 100,000円（広告費）/ 200（コンバージョン数）
コンバージョン単価は500円

4-6 成果よりも調査が重要

1 リスティング広告の成果は出にくくなっている

　現在のリスティング広告は以前ほど成果が出にくくなっています。その理由の1つは先ほど解説したように、競合が増えてきているというのもありますが、もう1つの理由として、オムニチャネル消費があります。

　オムニチャネル消費により、ユーザーの購入までの経路は多様化してます。そのため、リスティング広告のコンバージョンがあるから成果が有ると判断する、または、コンバージョンがないからといって成果が無いと判断をするのは早計です。

　図11はオムニチャネル消費の例です。テレビを起点として、雑誌・チラシ ＞ SNS ＞ スマホ ＞ 店舗 ＞ PC ＞ スマホ、最後にPCで購入に至っています。

　リスティング広告はPCとスマホでの接触がメインになりますが、図11のようにPCとスマホを横断して購入に至るような場合、PCとスマホでは別人として計測をしてしまうため、スマホでの貢献度は無いと評価されてしまいます。現

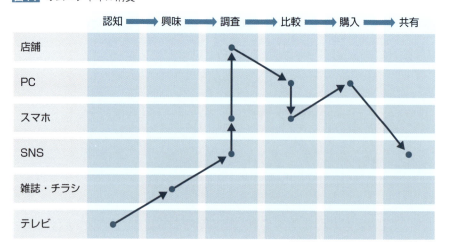

図11　オムニチャネル消費

4-6 成果よりも調査が重要

時点[※6]では、辛うじてGoogleは、一部のデータでは、PCとスマホをまたぐ消費行動についても、同じユーザーであることを紐づけることができるようになってきています。しかし、Yahoo!ではそのような紐づけはできません。

このような状況なので、リスティング広告の成果を正しく評価することは現段階ではとても難しくなっています。

また、別の例として、実店舗がある企業の場合は、お客様はPCやスマホで調査や比較をしてから購入は実店舗で行うという経路も考えられます。そうしたケースも、リスティング広告では購入したのかどうかは計測できないので、やはり成果を正しく評価することは現段階では難しいでしょう[※7]。

このような状況から、リスティング広告のデータ上での成果を追い求めるのはあまり意味がありません。それよりも、リスティング広告を使って特定のターゲットをサイトに呼び込んだらどういう反応を示すのか、といったような調査の目的で取り組み、成果はサイト全体もしくは会社全体で見るというやり方が妥当です。

2 リスティング広告は調査の目的で使う

オムニチャネル消費のシナリオの中で、リスティング広告が力を発揮できるのは、PC、スマホやタブレットを使ったネット上での行動段階だけです。また、それぞれの段階を最適化するために効果的なツール、手法は異なります（**図12**）。すべての手法を併用することで、より効果が高まります。

認知と興味はディスプレイ広告が得意な領域です。興味、検索、比較は検索広告が得意な領域です。それぞれの広告で集客をした後、シナリオの後半はサイト内での行動です。最終的な成果を考える上で、集客の段階である広告の改善だけでなく、サイトのコンテンツ、構造の改善も考えなくてはいけません。

最近では、プライバシー保護の観点から、検索エンジンの自然検索からのサイ

※6 　2017年1月時点。
※7 　Googleから広告経由のユーザーが実店舗へ来店したかどうかを計測できる方法が提供されていますが、利用のハードルが高いため、まだどの企業でも使える段階ではありません。

トへの流入キーワードは提供されなくなってしまいました。どんなキーワードで検索されているのかは広告を活用して調べるしかありません。そういった側面からも、リスティング広告を調査の目的で使うという方法は良いでしょう。

図12 インターネット消費シナリオと最適化ツール

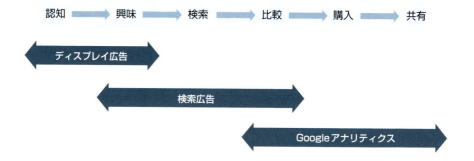

4-7 リスティング広告を活用した調査手法

1 Google AdWords を使用する

　具体的にリスティング広告を活用して、検索キーワードごとにターゲットとした人たちがウェブサイトでどう反応しているのかを調査する方法を紹介します。

　使用する広告のおすすめは「Google AdWords」です。Google AdWords を使用すると、Google アナリティクスとの連携が簡単にできるので、データの確認も Yahoo! プロモーション広告より簡単です。まだリスティング広告を活用したことがなければ Google AdWords から始めることをおすすめします。

● 手順1：アカウントを用意して開設する

　まずは Google アカウントを用意し、用意した Google アカウントにログインした状態で Google AdWords と Google アナリティクスを開設します。

- Google アカウントの作成ページ
  https://accounts.google.com/SignUp
- Google AdWords の開設ページ
  https://www.google.co.jp/adwords/
- Google アナリティクスの開設ページ
  https://www.google.com/intl/ja_jp/analytics/

● 手順2：双方をリンクさせる

　Google AdWords と Google アナリティクスをリンクさせます。下記の URL に、画像や動画付きでリンク方法が詳しく説明されています。

- 「アナリティクスと AdWords をリンク（リンクを解除）する」
  https://support.google.com/analytics/answer/1033961?hl=ja

● 手順3：キーワードプランナーで検索キーワードを調査する

Google AdWords のキーワードプランナーで、広告掲載前にどんな検索キーワードがあるのか調査します。

キーワードプランナーを使うと、事前にどんなキーワードがどれくらい検索されているのか、傾向をつかむことができます（**図13**）。このキーワードの中から調査したいキーワードを選びましょう。キーワードプランナーにないキーワードを登録しても構いません。

広告掲載後は、「広告の掲載データ」「サイト回遊状況」「広告のコンバージョンデータ」からキーワードまたはキャンペーンや広告グループにどのような傾向があるのかを確認してみましょう。**図14**のような順番で指標を並べると、広告が表示されてからコンバージョンまでの一連の流れが左から右に並びます。

図13 キーワードプランナーでキーワードを確認する

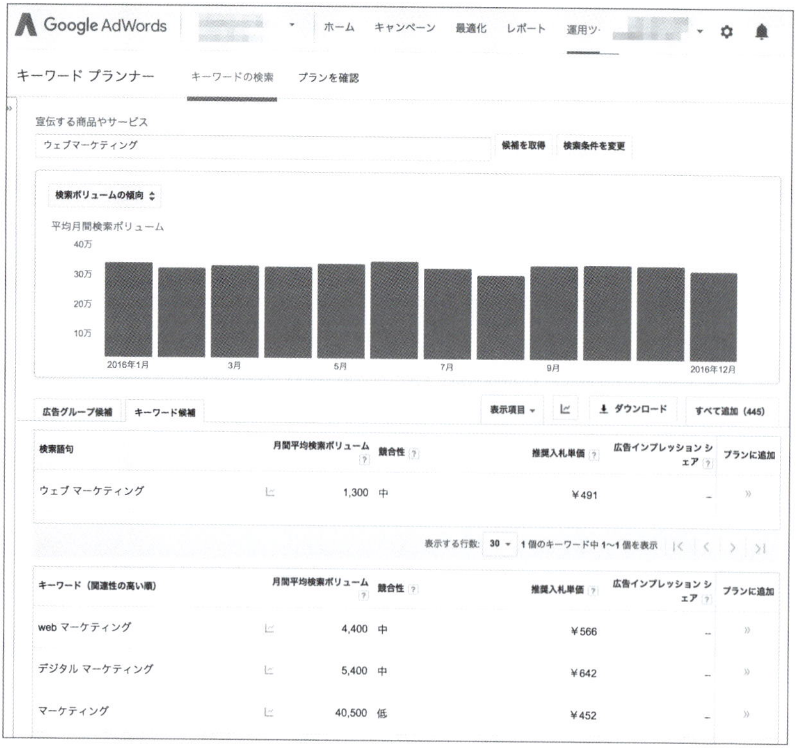

4-7 リスティング広告を活用した調査手法

図14 指標を並べる

	キャンペーン	予算	ステータス	入札戦略の タイプ	広告の掲載データ					
					表示回数	平均掲載順位	クリック数	クリック率	平均クリック単価	費用
		¥30,000/日	有効	CPA（目標）	34,816	1.2	3,846	11.05%	¥39	¥151,700
		¥25,000/日	有効	目標広告費用対効果	169,985	2.9	9,493	5.58%	¥50	¥471,198
		¥20,000/日	有効	目標広告費用対効果	80,620	2.7	4,933	6.12%	¥72	¥352,925
		¥10,000/日	有効	目標広告費用対効果	38,478	1.9	1,506	3.91%	¥107	¥161,274
		¥5,000/日	予算による制限	目標広告費用対効果	40,277	2.5	842	2.09%	¥49	¥41,637

サイト回遊状況
（Googleアナリティクスのデータ） 　　広告のコンバージョンデータ

新規セッションの割合	直帰率	平均セッション時間（秒）	セッションあたりの平均閲覧画面数	コンバージョン	コンバージョン率	コンバージョン値	合計コンバージョン値	値/コンバージョン値	コンバージョン値/費用
23.36%	21.49%	320	11.76	314.00	8.16%	¥483	5,353,563.00	17,049.56	35.29
59.26%	39.77%	137	5.06	106.00	1.12%	¥4,445	1,934,809.00	18,252.92	4.11
43.91%	31.15%	205	7.23	105.00	2.13%	¥3,361	2,051,413.00	19,537.27	5.81
52.81%	34.43%	194	6.82	22.00	1.46%	¥7,331	492,880.00	22,403.64	3.06
61.45%	23.58%	106	3.85	6.00	0.71%	¥6,940	90,172.00	15,028.67	2.17

2 結果を分析する

　図15のグラフは、ウェブからの問い合わせ数をコンバージョンとした事例です。グラフは、リスティング経由の問い合わせではなく、会社全体の問い合わせ数の推移です。

　コンバージョンが無いキーワードでも、サイト回遊状況が全体の平均値よりも優れている場合やページ閲覧数が多いものには一定の評価を与え、掲載を続けました。その上で、キーワードごとに広告のランディングページをテスト、コンテンツの見直し・修正や新規コンテンツの作成、サイト改善も行った結果、グラフのように問い合わせ数を伸ばすことに成功しています。すでにお話ししているように、オムニチャネルになってくるとスマートフォンで情報収集し、問い合わせはPCからというケースもあるからです。もちろん逆のパターンやその他のパターンも考えられます。

　コンバージョンだけで評価を下していると、このようにはなりません。今の時代はコンバージョン以外にも活用できる指標は多くあるため、そういった指標も

活用し、リスティング広告の改善だけにとどまらず、コンテンツやサイト、商品やサービス改善の見直しもあわせて実施してください。

図15 部分成果至上主義をやめ、全体のコンバージョンを増やすことを考える

4-8 リスティング広告だけで改善するのをやめる

1 | 改善ポイントは2つある

　ここまで、リスティング広告でやめる部分やリスティング広告以外の部分で改善できる例を紹介してきました。

　日々コストがかかるリスティング広告の改善はとても重要なことですが、サイトの改善や値下げの実施など、リスティング広告以外の部分の改善も考えましょう。リスティング広告だけに注目していると、全体の戦略とずれてしまう可能性もあります。

　もちろん、逆もまたしかりで、サイトは良いのに広告がだめであれば良い調査ができません。

　図16にあるように改善ポイントは2つあります。リスティング広告で調査を行い、その調査結果をページの改善に活かし、それぞれを改善することで相乗効果を生み出しましょう。

図16　2つの改善ポイント

2 | ユーザーのシナリオを考える

　改善で重要なのは、ユーザーのシナリオを考えることです。ユーザーも、いきなり物が欲しいとかサービスを使いたいとは思っていないはずです。無関心な状態か

ら始まり、少しずつ気になり始めて検索エンジンやSNS、比較サイトなどで調べ始めます。ウォンツ[※8]になってからは、このサイトや会社は信頼できるのか、リスクはないかなども気にしながら、購入などにつながっていきます（**図17**）。

図17 リスティング広告7段階モデル

シナリオ	キーワード検索	SERPS[※9]確認	リンクをクリック	ランディングページ閲覧	サイト巡回	コンテンツ閲覧	コンバージョン
改善点	キーワード	順位	広告文	ランディングページ	構造	コンテンツ	カート・エントリーフォーム

　それぞれの段階でどういったコンテンツが良いのか、サイトはどうあるべきなのかを広告のターゲット設定とあわせて考える必要があります。
　例えば、贈り物を探している人が検索している場合を例に考えてみましょう。

- キーワード「ワイン　通販」
　　ワインを買うことは決まっていて、より良い商品を探している
- キーワード「ギフト　通販」
　　ワインを買うかビールやその他の贈り物を検討中の可能性がある

　それぞれのキーワードによって検索している人の心理は全く異なります。これを同じコンテンツだと捉えてしまうと、どちらかは機会損失になってしまうでしょう。
　このケースだと「ワイン　通販」であれば、ワインのバリエーションを紹介し、「ギフト　通販」であればギフトにワインを提案するコンテンツが必要ではないか？　という仮説を考えることができます。リスティング広告を使い調査をするわけです。
　重要なのはやることを絞ることです。あれもこれもと手を広げてしまうと、どれも中途半端になってしまいがちですので、1つずつ改善していくようにしましょう。

※8　詳細は第1章034ページを参照。
※9　検索エンジンの検索結果ページのことです。

第 5 章

戦略コンテンツとガイドコンテンツ

5-1 本当に必要なコンテンツ作りに集中する

1 取り組むべきことを見極めよう

　ほとんどの企業やお店がウェブサイトを持つことが当たり前になった現在、ウェブ黎明期のようにウェブサイトがあるだけでサイトへの訪問が増え売り上げが上がるという時代ではなくなりました。

　お客様はそれぞれのウェブサイトに掲載されている情報を比較検討し、自分の条件に適した商品やサービスを選択します。サイトの存在有無ではなく、商品やサービスそのもの、そしてウェブサイトに掲載されているコンテンツの良しあしが売り上げにかかわるようになり、ウェブマーケティングにおいてコンテンツの重要性に対する理解が高まりつつあります。

　そんな中で、コンテンツSEOという言葉に踊らされ、集客のためにとにかく多くのコンテンツを作らなければいけないと思い、焦りだけを感じている人も多いのでないでしょうか。せっかく骨を折ってコンテンツを作っても、全く成果につながらないと感じている方も多いかもしれません。

　コンテンツ作りには手間と時間がかかります。だからこそしっかりと取り組むべきことと、やらなくても良いことの見極めを行い、本当に必要なコンテンツ作りだけに集中しましょう。

　この章では、売り上げや利益を増やすために取り組むべきコンテンツをなるべく多くの事例とともに紹介していきたいと思います。

捨てるべきこと

- SEO（集客）のためだけのコンテンツを作る
- 競合サイトと全く同じコンテンツを作る
- 成果に結びつかないコンテンツを作る
- どこにでもありそうな写真を撮影する
- みんな作っているからなんとなく動画を作成する

取り組むべきこと

- 3C分析に基づいたコンテンツ（戦略コンテンツ）を作る
- 一次情報となるオリジナルコンテンツを作る
- 自社のお客様を満足させるコンテンツを作る
- 「ニーズ」を「ウォンツ」に高めるコンテンツ（ガイドコンテンツ）を作る
- 質の低い写真を撮り直す
- サイト内テキスト、特に見出しを見直す
- イラストや動画を有効的に活用する

5-2 コンテンツの役割

1 コンテンツはメッセージを伝える

　そもそも「コンテンツ」とは何でしょう。コンテンツはウェブマーケティング以外でも耳にする言葉だと思います。広義では、コンテンツとは各種メディアで扱われる「中身」である情報のことを意味します。ウェブサイトにおけるコンテンツとは、具体的にはページに掲載される文章、写真、イラスト、図表、動画などを指します。

　多くの人が「自分のお店や商品について知ってもらいたい」など、何かしら発信したいメッセージがあるからウェブサイトを作ります。メッセージを伝えるために文章を書き、どんな写真を掲載しようか考えます。コンテンツはメッセージを伝えるために作られるものなのです。

　ラブレターでいえば、「好き」という気持ちが伝えたいメッセージ、封筒や便箋がウェブサイト、書かれた文章がコンテンツということになります（**図1**）。

図1 ラブレターで考えてみると

もし意中の相手に手紙を渡すことができても、中の便箋に何も書かれていなかったら（コンテンツがなかったら）、相手にあなたの気持ちは伝わらないでしょう。

多くの企業や店舗がウェブサイトを当然のように持つ昨今、お店の場所や商品の紹介をするだけでは売り上げの増加は見込めません。**自分たちはどのような価値を提供できるのか、メッセージとして伝える必要があります。**

2 メッセージを伝えるコンテンツの事例

福井県で印鑑を製造・販売する『株式会社小林大伸堂』(http://www.kaiunya.jp/) は、親子5代にわたり印鑑の販売を続けるうちに、印鑑というものが人の人生の節目に大きくかかわり、それを購入されるお客様にはそれぞれ大切な思いが込められていることに気づきました。実際に印鑑を販売するときには人生相談を受けることもあり、印鑑を通してお客様の人生の応援をすることが、提供するサービスの本質と考えています。

そこで、会社案内のページには会社の事業領域として、「名前」とそれに込めた「想い」、そしてそれを表現する「印（印鑑）」の重なる部分が事業領域であると宣言しました（**図2**）。

図2 会社案内のページより

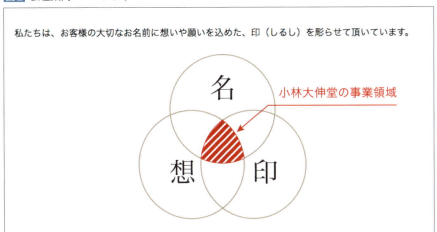

第5章 戦略コンテンツとガイドコンテンツ

　さらに商品ページでは、結婚、出産、就職など人生の節目に贈る印鑑にどのような意味があるのか、そもそも「名前」の価値とは何で、名づけに込められた想いや背景にはどのようなものがあるのかまで掘り下げたコンテンツを作りました（**図3**）。これによって、「印鑑を贈る人の気持ちをくみ印鑑を製造・販売いたします」というメッセージを伝えています。

　このメッセージを発信することによって、リスティング広告における費用対効果の大きな改善が見られました。

図3　商品ページより（http://www.kaiunya.jp/scene/syusan/index.html）

5-3 戦略コンテンツ

1 戦略コンテンツとは

　自社のサイトにおいて伝えるべきメッセージは何か？　と悩んだときには、3C分析を行いましょう（figure4）。自分たちが「選ばれる理由」を見つけ出すのです。

　3C分析とは、お客様＝Customer、自社の特徴＝Company、競合＝Competitorの3つのCを明確にし、そこからお客様の求める価値（ベネフィット）は一体何で、それを自社が競合より良く提供できるか（差別的優位点）を見つけ出す、経営戦略を練る手法の1つです[※1]。

　この「ベネフィット」と「差別的優位点」の2つがお客様に伝われば、お客様はあなたの商品やサービスが自分にとって最適なものであることがわかります。言い換えると、ベネフィットと差別的優位点はあなたの商品やサービスが「選ばれる理由」を示しています。これを「戦略メッセージ」と呼んでいます。そしてこの戦略メッセージを伝えるために作られたコンテンツを、「戦略コンテンツ」と呼びます。

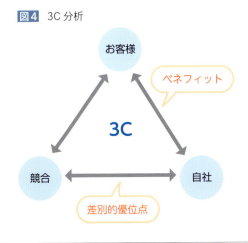

図4　3C分析

※1　3C分析について詳しくは第1章030ページを参照。

第5章　戦略コンテンツとガイドコンテンツ

2　戦略コンテンツの事例

　近江牛を販売するネットショップ『近江牛.com』(http://www.omi-gyu.com/)のウェブサイトリニューアル戦略では、お客様を「おいしい牛肉を贈りたい人」にターゲットを絞り込みました。そしてこの牛肉ギフトユーザーが求める価値（ベネフィット）は、「おいしい牛肉を贈りたい」ということ、さらにその気持ちの奥に実は贈った相手に「立派なお肉を贈ってもらった」と感じてもらうことだと考えました。

　そこで、サイトのトップ画像は、これまでの焼肉でお肉のおいしさを訴求する写真から、高級感のあるギフトパッケージを見せる写真に変更しました（**図5**）。

図5 サイトトップ画像の比較
＜リニューアル前のサイトトップ画像＞

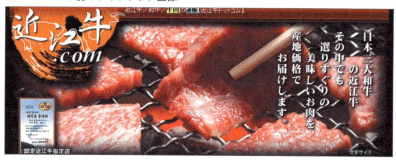

＜リニューアル後のサイトトップ画像＞

5-3 戦略コンテンツ

次に、差別的優位点を伝えるコンテンツについて考えます。3C分析でお客様を「おいしい牛肉を贈りたい人」と定義したとき、競合はどこになるでしょうか？ 同じ近江牛を売っているお店？ いえ、それだけではありません。競合は、おいしい牛肉を贈りたいお客様が比較検討するであろうすべてのお店と考える必要があります。

そこで、特に競合として意識したのが、松阪牛や神戸牛を販売するお店です。

松阪牛や神戸牛と近江牛の違いについて調べたところ、そもそもこの3つの牛肉は所説あるものの日本三和牛といわれていることがわかりました。しかもルーツは同じ但馬産の黒毛和牛にかかわらず、近江牛は松阪牛や神戸牛に比べ低価格なのです（**図6**）。

このことから、競合商品と比べたときの差別的優位点は「同じルーツの牛肉なのに価格が安い」こととし、これを伝えるべく**図7**のようなコンテンツを企画しました。1頭の牛から枝分かれした日本3大和牛の価格比較表です。

図6 牛肉ギフトユーザーの3C

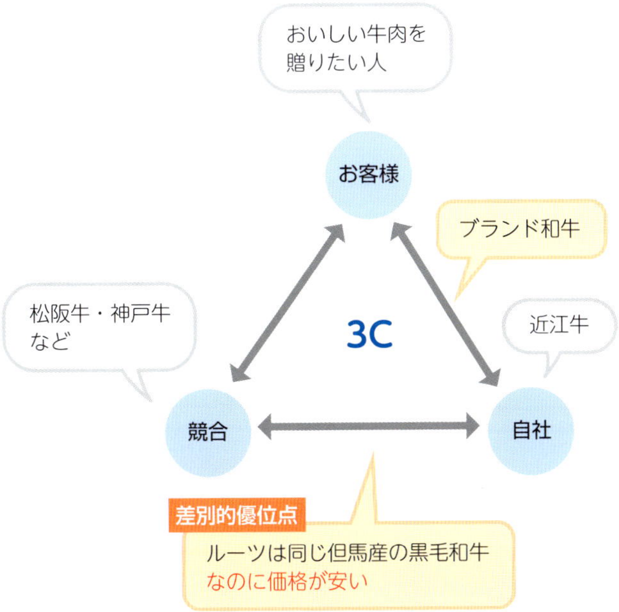

図7 コンテンツ「近江牛の特徴」より
(http://www.omi-gyu.com/omigyu/omi_feature.html)

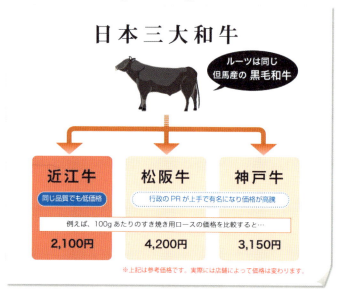

　このページにリスティング広告で「松阪牛　ギフト」「神戸牛　贈り物」などのキーワードで検索しているユーザーを誘導しました。その結果、本来は松阪牛や神戸牛を探していたユーザーにもかかわらず、非常に高い購入率を確認できました。
　また、価格の安さを伝えるために、先ほど紹介したギフトパッケージ訴求のトップ画像（図5）のキャッチコピーも「贈りたいおいしさをお求めやすく」としました。
　このように3C分析から自分たちの戦略メッセージ＝選ばれる理由を見つけ、それを伝えるコンテンツを作るのです。
　近江牛.comは、このサイトリニューアルによってギフト注文や卸の問い合わせが増え、サイトの売り上げを増加させることに成功しています。

5-4 サイト以外にも使えるコンテンツ

1 良いコンテンツは使い回すことができる

　ここまでの話で、「コンテンツを作るには予想以上に手間がかかるのだな」と驚いている人も多いかもしれません。そうです、コンテンツを作るためにはまず戦略を練る（3C分析）、次に企画、そして実際の制作作業と、時間と手間がかかるのです。そして当然お金もかかります。

　時間とお金がかかるこそ、企画までの上流工程をしっかりと行い質の高いコンテンツを作りましょう。質の高いコンテンツはたとえサイトリニューアルを行っても、新しいサイトで引き続き掲載できるので、**コンテンツにかかる費用は長期的な投資**と考えることができ、コストパフォーマンスが高いのです。

　良いコンテンツはウェブサイト以外にも流用できます。例えば印刷物に作り変えてお客様に送付するDMやカタログにする、ネットショップなら商品と一緒に送る同梱物にする、プレスリリースとして発信する……コンテンツはワンソースマルチユースです。良いコンテンツを1つ作れば、さまざまな形に加工してたくさんの使い道が生まれてくるのです（**図8**）。

図8　良いコンテンツはいろいろなメディアで使い回せる

2　印刷物への流用事例

上野のアメ横でナッツとドライフルーツを販売する『株式会社小島屋』(http://www.kojima-ya.com/)では、ウェブサイトのおつまみを探してサイトを訪問するお客様に向けて、「お酒にあわせて選ぶナッツとドライフルーツ対応表」というコンテンツを作成しました(**図9**)。

図9　コンテンツ「お酒にあわせて選ぶナッツとドライフルーツ対応表」より
(http://www.kojima-ya.com/fs/kojimaya/c/liquor)

酒の種類	タイプ	ナッツ										ドライフルーツ									
		素焼きアーモンド	素焼きカシューナッツ	素焼きマカダミア	ピスタチオ	ジャイアントコーン	濃い塩ナッツ	ミックスナッツ	くるみ黒糖	チーズ&マカダミアナッツ	塩豆	枝付レーズン	トルコいちじく	クランベリー	マジョールデーツ	バナナチップ	アプリコット(アメリカ産)	ドライマンゴー(フィリピン産)	生姜糖	ドライチェリー	ドライキウイ
赤ワイン	ボルドー	○	○	○								●	●						○	○	
	ブルゴーニュ											●	●	○	●				○	○	
	スパイシー		●	○		○										○				○	
白ワイン	辛口すっきり	○	●										○				●	○	○		○
	甘口											○					●	○			
スパークリングワイン	辛口	●		○	○							●	○					○			
ウィスキー	バーボン(ロック)			○	○		●	○	○	●					○		●			●	
ハイボール	角ハイボール						○		○				○	●		○		○		●	
梅酒	ホワイトリカーベース					●		○		○			○				○				
ビール	ドライ				●	○	●	○		●	○										
冷酒	冷酒(コクあり)				●		○	○													
	熱燗(コクあり)												●		○						
	古酒(熟成タイプ)								●			○	○		●			○			

●…相性抜群、○…相性がよい、(マークなし)…ふつう、もしくはおすすめしない

例えば、「赤ワインと一緒に食べるならこのナッツやドライフルーツがおすすめです」といった形で、どのお酒には何があうのか店舗側がベストと思う組み合わせを紹介します。もちろん実際にお酒を飲みながら、数名で何度も食べ比べを行いました。

この対応表はウェブサイトにおいて重要コンテンツになっているだけでなく、バーや飲食店でお客様がナッツやドライフルーツを注文するときの参考として、下敷きに加工して提供されています(**図10**)。

そもそも小島屋の本店サイトリニューアル戦略では、売り上げ拡大のために、個人のお客様の他に、ナッツやドライフルーツをお店で提供するバーや飲食店な

5-4 サイト以外にも使えるコンテンツ

図10 下敷きに加工されている

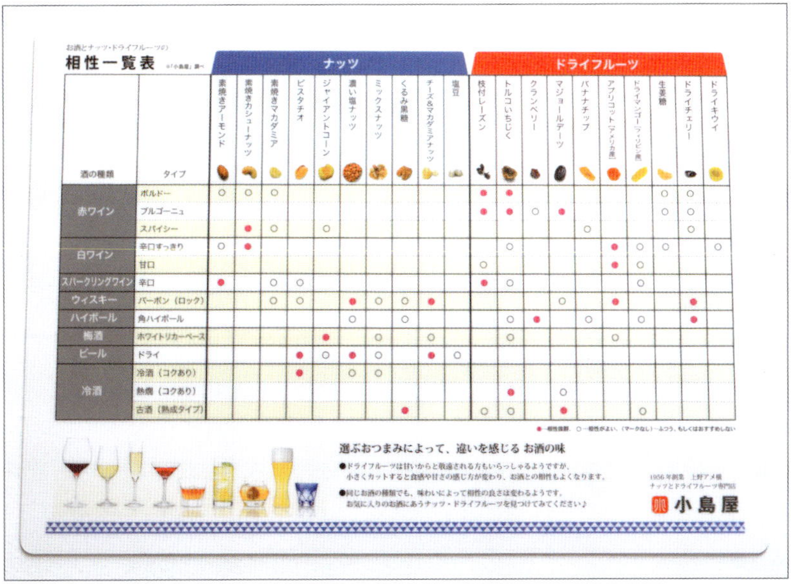

　どの仕入れ業者の新規獲得も目標としていました。

　ウェブサイトでは仕入れユーザー向けコンテンツを追加するとともに、このユーザーに絞ったマーケティング施策を行うため、仕入れ業者さん専用の会員制度を設けました。会員登録してくれる仕入れ業者さんへの特典として、このお酒との対応表下敷きを配るのです。

　お客様にお酒やナッツやドライフルーツをおすすめするときのうんちくとして活用してもらおうという狙いです。防水の下敷きに加工することで、水場の多い現場でも長く活用してもらえると考えました。

　このように、良いコンテンツは使い回すことができるのです。

　小島屋ではサイトリニューアル後、毎月多くの仕入れ業者さんから会員登録をしていただき、顧客数が順調に増え、当初5年後に目標としていた売り上げ目標額を約2年で達成できました。

3 プレスリリースへの活用事例

ワイシャツの販売を行うネットショップ『ozie（オジエ）』(http://www.ozie.co.jp/)では、クールビズ向け商品として、ポロシャツ生地（鹿の子素材）のワイシャツ、いわゆるビズポロを開発しました。通常の素材のワイシャツよりも汗の吸収・乾燥機能に優れているため着心地が良く、下着を着る必要がなく涼感もあります。しかも前かぶり（プルオーバー）ではなくワイシャツのような前開きデザインなので、ポロシャツほどカジュアルな着こなしにならずビジネスシーンに最適という商品です。

商品の特性を考え、クールビズに関するアンケートを実施することにし、これをプレスリリースとして発信することで、クールビズ関連商品の認知、売り上げの拡大を狙いました（**図11**）。

図11 コンテンツ「クールビズ調査 結果」より
(http://www.ozie.co.jp/company/press/20120529.html)

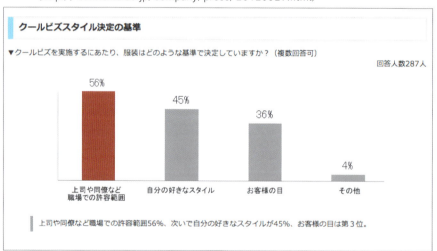

インターネット上で回答できるアンケートフォームを作成し、Facebook 広告を使用して回答を募集したところ、結果１週間弱で 290 人に近い有効回答を得ることができました。アンケートの内容としては、クールビズがどれくらい実施されているのか、実際にどのような格好をしたのか、またどこまで着崩すかの判断基準について質問をしました。

アンケートの結果から２つの発見がありました。１つ目は、クールビズは実は取引先やお客様の社外の目よりも同僚や上司など社内の目を気にしながら行われていることです。２つ目は、ozie が製造販売しているポロシャツ生地のワイシャツは、クールビズとしてビジネスのシーンで着用しても NG と感じる人が少ないということです。

得られたアンケート結果をウェブサイトのコンテンツとして掲載する他にプレスリリースとして発信したところ、各ウェブメディアで情報が共有される以外に、紙媒体の業界紙でも取り上げられるなど、予想を上回る反響を得ることができました（**図 12**）。

図 12 繊研新聞　2012 年 5 月 28 日付

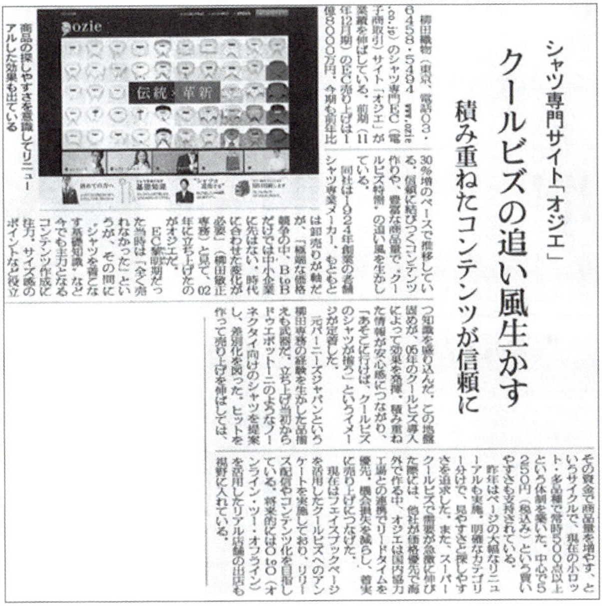

シャツ専門サイト「オジエ」
クールビズの追い風生かす
積み重ねたコンテンツが信頼に

柳田織物（東京、電話03・6458・5404 www.ozie.co.jp）のシャツ専門EC（電子商取引）サイト「オジエ」が業績を伸ばしている。前期（11年12月期）のEC売り上げは1億8000万円。今期も前年比30％増のペースで推移している。信頼に結びつくコンテンツ作りや、豊富な商品量で"クールビズ特需"の追い風を生かしている。

同社は1924年創業の老舗シャツ専業メーカー。もともとは卸売りが軸だが、「熾烈な価格競争の中、BtoBだけでは中小企業に先はない。時代に合わせた変化が必要」（柳田敏正専務）と見て、02年に立ち上げたのがオジエだ。

EC黎明期だった当時は「全く売れなかった」というが、その間に"シャツを着こなす基礎知識"など今でも主力となるコンテンツ作成に注力。サイズ感のポイントなど役立つ知識を盛り込んだ。この地盤固めが、05年のクールビズ導入によって効果を発揮。積み重ねた情報が安心感につながり、「あそこに行けば、クールビズのシャツが揃う」というイメージが定着した。

元バーニーズジャパンという柳田専務の経験を生かした品揃えも武器だ。立ち上げ当初からドウエボットーニのようなノーネクタイ向けのシャツを提案し、差別化を図った。ヒットを作って売り上げを伸ばしては、その資金で商品量を増やす、というサイクルで、現在の小ロット・多品種で常時500点以上という体制を築いた。中心で5250円（税込み）という買いやすさも支持されている。

昨年はページの大幅なリニューアルも実施。明確なカテゴリー分けで、見やすさと探しやすさを追求した。また、スーパークールビズで需要が急激に伸びた際には、他社が価格優先で海外で作る中、オジエは国内協力工場との連携でリードタイムを優先。機会損失を減らし、着実に売り上げにつなげた。

現在はフェイスブックページを活用したクールビズへのアンケートを実施しており、リリース配信やコンテンツ化を目指している。将来的にはO to O（オンライン・ツー・オフライン）を活用したリアル店舗の出店も視野に入れている。

商品の探しやすさを意識してリニューアルした効果も出ている

ここまで各方面で共有された理由は、このコンテンツが一次情報だったからです。一次情報とは、どこかからか見つけ出してきて引用された情報でなく、自らが調査し得たオリジナルの情報のことをいいます。インターネット上で多くのコピー情報が溢れている中、本当に価値があるのは一次情報だけです。それがクールビズの実態という社会的に価値のある情報であったことも重なり、拡散されることとなったのです。

もちろん一次情報を創り出すにはとてつもない手間と時間がかかります。今回もアンケートの企画から実施方法の検討、集計など、通常のウェブサイトのコンテンツを制作する際には想定しないような作業が行われています。しかしそれを行わないと一次情報を得ることはできないのです。

ozie はこの年、アパレル業界でクールビズ商戦が落ち着き市場全体が大きく低迷した中で、地方百貨店からクールビズシャツの取引依頼もいただきました。アンケートが直接のきっかけになったとまではいえませんが、価値ある一次情報を発信したことにより、業界内での認知と信頼感の獲得による貢献は大きかったはずです。

4 無理だとあきらめず、コンテンツ作りにチャレンジしよう

もしかすると「こんな大がかりなことは自分の会社にはできない」と思われてしまう方もいるかもしれません。しかし今回ご紹介した小島屋も ozie も、10 名程度の小企業です。

事例も一見大がかりに見えるかもしれませんが、社外の専門家の力を借りれば小企業でも十分に実現可能な試みです。無理だとあきらめず、チャレンジしてください。良いコンテンツは必ず使い回しができるし、拡散されます。

5-5 誰のためのコンテンツ？

1 SEOのためのコンテンツはいらない

　ウェブマーケティングに携わっている方なら、SEO（検索結果画面の順位）が気にならない方はいないでしょう。コンテンツを作るときにもSEOを意識して作っている方は多いでしょう。しかし、SEOのためだけにコンテンツを作っていませんか（**図13**）？　コンテンツを作ってなすべきことは訪問者の数を増やすことではなく、質の高いコンテンツで訪問者（お客様）を満足させることです。

　Googleの検索結果順位を決定するシステムも日々改良が行われていますが、Googleも最終的に目指しているのはユーザーにとって価値のあるウェブサイトを上位に表示してユーザーの満足度を高めることにあるのです。一時のシステムの変更に合わせたSEO対策を行う必要はありません[※2]。

　ウェブサイトの訪問数増加のために必死でページを作っている、毎日一生懸命ブログをアップしている、なのに肝心の売り上げが伸びていない……そんなこと

図13　SEOにとりつかれていませんか？

※2　SEOについて詳しくは第3章091ページを参照。

はすぐにやめましょう。訪問数が伸びても売り上げが伸びないのは、あなたのコンテンツが、お客様が本当に知りたいと思っている情報を伝えられていないから、つまりコンテンツの質が低いからです。コンテンツの質が高ければお客様の満足を得られます。**コンテンツは量より質が重要**なのです。

お客様の満足度を上げるために、他には無いコンテンツを作りましょう。競合他社のウェブサイトに似たような情報があっても、見る人には何の価値も感じられません。本当にお客様にとって価値があり、他には無い情報なら、必ず検索や口コミによって人の目にとまるはずです。お客様や競合を知り、誰のためにどんな情報が必要かを見極めてコンテンツを企画しましょう。

2 お客様を満足させるコンテンツの事例①

先ほどのナッツとドライフルーツを販売する小島屋では、飲食店で提供するメニューの食材を購入したいバーやレストランの運営者を、「仕入れユーザー」として定義しました。さらにその中でも、まだ開店準備段階だったり、メニューを検討していたりする、比較的初期段階の人にユーザーの的を絞りました。

そこでまず必要だと考えたのは、お通しやサイドメニューに何を提供しようかなと考えているお客様にナッツを選んでもらえるようなコンテンツです。

バーなどの飲食店で一般的にお通しやサイドメニューに使用される食材には、生ハム、サラミ、ポテトチップス、チーズなどさまざまな食材があります。調べてみると、ナッツにはこれらの食材に比べて飲食店で提供するのに多くのメリットがあることがわかりました。

まず、利益率が高いこと。ナッツは他の食材に比べその費用感があまり一般的に知られていないので、仕入れ値の割には高い売値で提供されていることが多いのです。次に、消費期限が長いこと。ナッツは湿度にさえ注意すれば比較的長い期間、味が変わりません。必ず冷蔵庫に入れる必要もないので冷蔵庫のスペースも圧迫しません。最後に、切ったりする手間がないので素早く提供できるという点です。使用したお皿にも汚れが残りにくく洗い物も楽です。以上のことを3C分析でまとめてみると**図14**のようになります。

5-5 誰のためのコンテンツ？

図14 飲食店で提供するときのナッツの強み

これら3つの差別的優位点を伝えるコンテンツを作りました。そのうちの1つが図15です。ナッツの利益率が高いことを伝えるため、生ハムやチーズなどの食材の仕入れ値と一般的な売値を調べ、棒グラフで比較しました。

図15 コンテンツ「バー・レストラン仕入れ」より
(http://www.kojima-ya.com/fs/kojimaya/c/stocking)

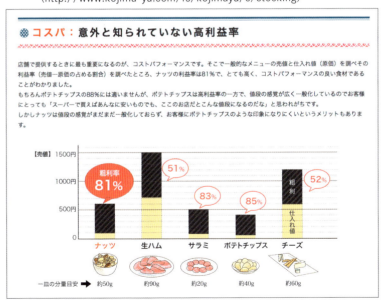

もちろん、このような情報がどこかにあるわけではないですから、独自の調査を行いました。実際のバーや飲食店に足を運んだり、実際に注文してみたり、グルメサイトを大量に閲覧しそこからメニューの量や価格を調べた情報を元に、価格の平均値を計算しました。

これにより、ターゲットとした、これから飲食店を開業したいと思っているお客様がメニューや値付けを考える際に有益となる情報を提供し、満足度を上げるコンテンツとなりました。

3　お客様を満足させるコンテンツの事例②

プリンタのインクには、プリンタメーカーが販売する純正（正規）インクに対して、プリンタメーカー以外が製造や販売を行う、非純正のインクがあります。

多くの人が、非純正のインクは安いけれども「プリンタが壊れてしまうのでないか」とか「印刷トラブルが多いので使わないほうが良いのでは」と感じていると思います。では実際にはどれくらいのトラブルが起こるのでしょうか。

株式会社ジーストリームが運営するプリンタの互換インクのネットショップ、『インクナビ』(http://www.inknavi.com/)では、純正インクと自社が販売する互換インクを使用して印刷時のトラブルの回数を比較する実験を行うコンテンツを企画しました。

もちろん非純正インクを販売する多くの競合他社さんもすでに似たようなコンテンツを掲載しています。そして純正インクと非純正インクは遜色がないと謳っていますが多くの人が「本当かな？」と思っているのが実情です。

そこでインクナビでは 10,000 枚の印刷実験を行うことにしました。10,000 枚とは、もし1日あたり30枚の印刷をするとしたら約1年分にあたる印刷枚数で、他社が印刷実験を行っているよりも圧倒的に多い枚数です。

実験は約3日間かけて行われました。2台のプリンタに給紙やインク交換を行なわなければならないので撮影を含め約3名のスタッフがつきっきりで実施されました。そしてその結果、純正インクとインクナビインクのトラブル発生率はほぼ同じでした。

実験の結果に不正が無いことを証明するために印刷の様子もすべて動画で撮影しました。コンテンツとしてサイトに掲載している動画（**図16**）は、あまりに長すぎると見ていただけないので超早送りに編集してあります。

図16 動画「10000枚印刷実験」

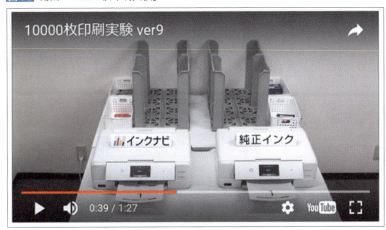

　サイトでは、動画の他に、10,000枚印刷するうちに、実際に何枚目にどんな不具合が発生したかも詳細に報告しています（**図17**）。動画やサイトで実験の詳細や結果を正直に伝えることで、お客様の「本当かな？」に答えるコンテンツとなりました。

　インクナビでは、この10,000枚印刷実験の他にもコンテンツを追加して、今まで「純正インク以外は心配だから純正インクしか使わない」と考えているお客様にインクナビの互換インク購入をしていただけるように引き続きコンテンツを追加しています。

第 5 章　戦略コンテンツとガイドコンテンツ

図17　コンテンツ「正常稼働率99.9％」より
　　　（http://www.inknavi.com/trouble/index.html）

実験結果

1万枚印刷中に起こったトラブルの詳細です。
尚、今回は1,000枚毎に自ら定期的なノズルチェックを行いました。
そのため、実際の印刷物に「かすれ」などが見当たらなくても、目詰まりと判断されるケースもいくつかありました。
図の中では、目で見てわかる「かすれ」が生じた場合の印刷物のみ掲載しています。

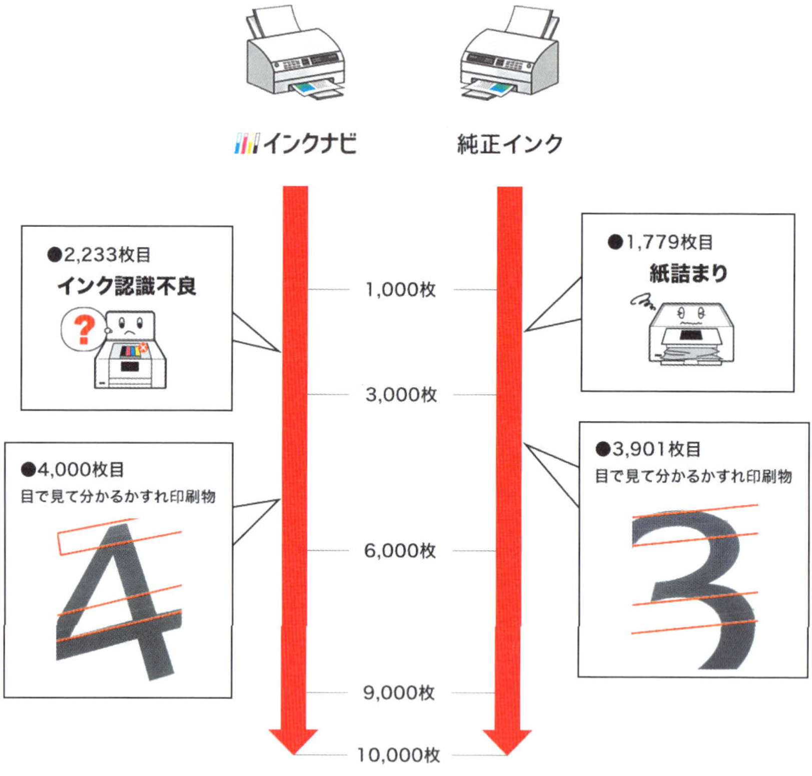

インクナビ　　　純正インク

●2,233枚目
インク認識不良

●1,779枚目
紙詰まり

●4,000枚目
目で見て分かるかすれ印刷物

●3,901枚目
目で見て分かるかすれ印刷物

1,000枚
3,000枚
6,000枚
9,000枚
10,000枚

5-6 ガイドコンテンツ

1 ニーズをウォンツに高めるコンテンツ

　続いてガイドコンテンツについて考えていきましょう。ガイドコンテンツとはまだ何を購入するか決めかねているお客様を最適な商品やサービスへ導くためのコンテンツのことです。

　そのためにはまず、ネットショップではコンテンツを通じ商品やサービスの価値を伝え、お客様の「ニーズ」を「ウォンツ」に高めることが必要です。

　「ニーズ」も「ウォンツ」もどちらも日本語では欲求を表す言葉ですが、その度合いが異なります。「ニーズ」は必要性を感じているが何が必要かは明確でない状態＝欠乏感です。一方で「ウォンツ」はその欲求を満たすために何が欲しいかはっきりしている状態＝獲得欲求です。

　例えば図18のように、のどが渇いているけれど何を飲みたいかまで決まっていない状態がニーズ段階で、明らかにビールが飲みたいと決まっているのがウォンツの段階です。「ニーズ」を「ウォンツ」に高めるとは、お客様に「○○が欲しい」と具体的に意識してもらうことなのです。

図18　ニーズとウォンツ

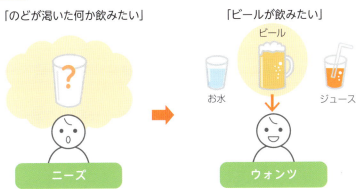

2　お客様の視点に立ったコンテンツ

　何が欲しいかが明確でない、何を選べば良いかわからないお客様に最適な商品を選んでもらうためには、説明をするコンテンツが必要です。それは実際のお店に足を運んだときに、お客様が店員さんに相談をして何を買うか決めるような、接客の代わりになるコンテンツです。

　このとき注意してほしいことがあります。実際のお店でも同じですが、お客様の視点で接客をしましょう。掃除機を探しているけれどまだどんなメーカーや型番にしようかまで決めていないお客様が「掃除機が欲しいのですが」とやってきたときに「どんな掃除機ですか？」と聞いてしまうのは、お客様視点ではない接客です。

　お客様は店員のように掃除機に詳しいわけではありません。どんなことに注意して選んだら良いのか、どんな機能を持つ掃除機があるのか、知らないのです。

　そうすると、まずは「部屋の広さは？」とか「フローリングですか？」などお客様が答えられることを尋ねて、それに合ったものを教えてあげることが「お客様の視点に立った接客」といえるでしょう。つまり、「ウォンツ」を尋ねるのではなく、「ニーズ」を尋ねるのです。

　お客様の環境に最適な掃除機をすすめること。これをウェブサイトで実現するのが、**ガイドコンテンツ**です（**図19**）。

図19　お客様の視点に立った接客

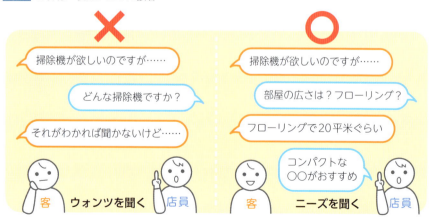

3　ガイドコンテンツの事例①

　ネットショップを事例に考えてみましょう。アパレル商品をインターネットで購入するときに、サイズ選びで困ったことはありませんか。前述のワイシャツ屋 ozie ではレディースシャツも販売しています。購入者の声より、女性がシャツを買ったとき、バスト周りがきつすぎて着用できなかったという失敗が多いことがわかりました。

　一般的にはシャツはジャストサイズで着るものです。試着ができないネットショップではサイズの詳細を明示して自分にあうサイズを選んでもらいますが、シャツの一般的なサイズ詳細ではバストサイズによるサイズの選び方には配慮されていません（**図 20**）。

図20　一般的なネットショップのサイズ表示

サイズ記号	商品サイズ			
	バスト	肩幅	袖丈	着丈
S	90	37	57	63
M	95		58	
L	100	38	59	64

　そこで ozie では、レディースシャツを購入する際の注意点として、「必ずバスト周りを確認して購入しましょう」というガイドコンテンツを作成しました。シャツの胸囲が自分のバストサイズ＋10cm あるものを選べば失敗の確率がぐんと減らせるのです（**図 21**）。

　さらに、できるだけ自分が着たときに近い着用感も事前に確認してもらうために、身長が低めだけどバストサイズが大きめ、身長は高いけれどバストサイズは小さめなど、さまざまな体型のモデルさんに各サイズのシャツを着てもらった写真を撮影しました（**図 22**）。

　このように実際に試着をしたり、店員さんが商品の説明をできないネットショップでは、お客様がどの商品を買うか決められるまで徹底したガイドが必要です。

　ozie では現在、六本木にショールームを設け実際に試着をしてサイズを見ていただく場を設けるなど、さらに新しい取り組みをしています。

図21 オリジナルのガイドコンテンツを提案
Step3 シャツを選ぶ

トップバスト＋10cm以上のシャツを選ぶ

図22 さまざまなサイズの例を提示

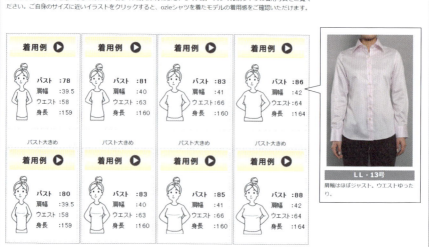

4 ガイドコンテンツの事例②

　バッグを購入するときはついデザインで選んでしまいますが、ポケットの種類やサイズなど機能的に満足できずに使われなくなるという失敗が多いそうです。

　そこで男性向けビジネスバッグを販売する『ファクタスオム』（http://www.factus-homme.biz/）では、お客様がバッグを機能面のポイントから選んでいけるようなガイドコンテンツの作成にこだわりました。特にビジネスバッグの選び方では、そのステップを以下の5つに分けて説明しています。

① 通勤手段は何なのか
② 荷物の量と重さはどれくらいか
③ 収納する書類のサイズはいくつか
④ パソコンを持ち歩くか持ち歩かないか
⑤ 通勤時の服装はどんなスタイルか

　なんと複雑なと感じる方もいるかもしれませんが、どれもバッグを選ぶときには必要なポイントです。お客様が最適なビジネスバッグを選び、購入できるように丁寧に説明を重ねていきます。

　特にパソコンを持ち歩くか持ち歩かないかの項目では、その頻度によってパソコン収納ポケットが付いたバッグが良いのか、それともパソコン用のバッグでないバッグとあわせてインナーバッグを使用したほうが良いのか、また、インナーバッグを使用するときにはどんなものがおすすめなのかまで紹介されており、対面の接客でも、なかなかできないレベルの接客をウェブサイトのコンテンツで実現しています（**図23**）。

第 5 章 戦略コンテンツとガイドコンテンツ

図23 コンテンツ「ビジネスシーン」より
(http://www.factus-homme.biz/scene/business.html)

(http://www.factus-homme.biz/scene/business_01.html)

5-7 伝わるコンテンツの表現

1 「テキストは読んでもらえない」を前提に

　ここからは、伝わるコンテンツを作るために、実際の制作にかかわる解説をしていきます。

　まずは、テキスト（文章）についてです。テキストは写真やイラストを作るよりも比較的簡単に制作できます。しかしその反面、お客様にきちんと読んでもらえるテキストを書くのは実はとても難しいことです。

　一生懸命作ったコンテンツも、お客様は見出しか写真・イラスト・図版ぐらいしか見ないと思っておいたほうが良いでしょう。新聞と同じように見出しを読んで気になったら内容に目を通す程度だと認識しておきましょう。

　読まれない前提の文章ですが、どうしたら少しでも読んでもらえるのでしょうか。それは、**読む側にとっての負担（ストレス）を少しでも小さくすること**です。以下はウェブコンテンツに限らず文章を書くときの基本的な注意点です。

- 見出しは概要ではなくキャッチコピーに
- 文章の量を減らす（コンパクトにまとめる）
- 箇条書きにする
- 漢字を多用しない
- 表やイラスト、写真と併用して伝える

　文章の見せ方、つまり視覚効果にも気をつかってみましょう。例えば文字の大きさはなるべく大きく、行間・改行を十分にとる。他にもテキスト領域の上下左右の余白も狭くなりすぎないように注意しましょう。小さな文字がぎゅっと詰まっているだけで読もうという気持ちが半減した経験は誰にでもあるはずです。

　ウェブサイトの本文では、一般的に文字サイズは16px以上が読みやすいとい

われています。**図24**ではまずウェブサイトでよく見られる14px（1）と16px（2）を比較してみました[※3]。文字がだいぶ大きく感じられます。

　次に1行あたりの文字数について見てみましょう。文章が多く何行も続くときには1行の文字数を25文字〜45文字くらいまでに収めると良いでしょう。文字が多いと読みづらいのは当然ですが、一行があまりに長いと次の行に目線を移動するときに、次に読むべき行の行頭を見失いやすくなってしまうからです。

　同じ理由で行間にも十分にとるようにしましょう。**図24**では行間150%（2）と200%（3）を比較してみました。行の間のスペースが大きくなると次の行をまちがいづらくなります。180%〜200%くらいとれれば理想的でしょう。

図24 文字サイズの違い

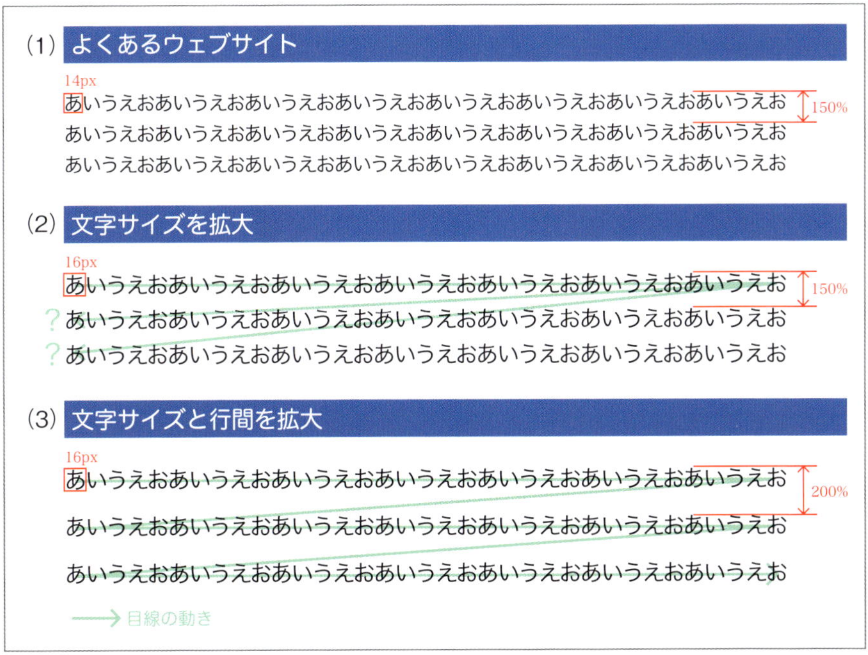

(1) よくあるウェブサイト
14px
あいうえおあいうえおあいうえおあいうえおあいうえおあいうえおあいうえお　150%
あいうえおあいうえおあいうえおあいうえおあいうえおあいうえおあいうえお
あいうえおあいうえおあいうえおあいうえおあいうえおあいうえおあいうえ

(2) 文字サイズを拡大
16px
あいうえおあいうえおあいうえおあいうえおあいうえおあいうえお　150%
? あいうえおあいうえおあいうえおあいうえおあいうえおあいうえお
? あいうえおあいうえおあいうえおあいうえおあいうえおあいうえお

(3) 文字サイズと行間を拡大
16px
あいうえおあいうえおあいうえおあいうえおあいうえおあいうえお　200%

あいうえおあいうえおあいうえおあいうえおあいうえおあいうえお

あいうえおあいうえおあいうえおあいうえおあいうえおあいうえ

→ 目線の動き

※3　pxはモニタの解像度でサイズが変わる文字サイズの単位です。ここでは大小感の目安と考えてください。

2 写真はサイトの印象を決める

　写真はウェブサイトにおいてそのお店や会社の第一印象を決める最も重要な要素です。何が写っているかだけではなく、写真そのものの質も大切です。専門的に写真を見る目が無い人にとっても、画質が粗かったり、暗かったり、小さかったり、不自然な構図の写真が多いとサイトを閲覧する意欲が無くなってしまいます。

　逆に画質や明るさ、トリミング（写真の構図）に配慮され丁寧に撮影された写真が使われているサイトに、人は無意識でも信頼感を覚えてしまうものです。自分のサイトの写真いまいちだなと心当たりがある人は、写真の撮り直しを検討しましょう。

　写真の撮影は機材や知識が必要なのでカメラマンにお願いする場合が多いと思います。しかし写真の撮影依頼をする作業は意外と難しいことだという事例をご紹介します。

● メッセージを伝える写真の事例

　日光でお味噌とらっきょうのたまり漬けを販売する老舗の『株式会社上澤梅太郎商店』(http://www.tamarizuke.co.jp/) のサイトリニューアルは、「贅沢ではないが豊かな食卓」をコンセプトに進められていました。販売する商品が日本の朝ごはんに食べられるものなので、「上澤梅太郎商店といえば朝ごはん」という印象を持ってもらおうと、トップページでメインとなる画像には朝食の風景が企画されました。

　しかし、最初に撮影されてきた写真はおかずが盛りだくさんに並べられた食卓の風景だったのです（図25）。これでは伝えようとしている「贅沢ではないが豊かな食卓」というメッセージと矛盾してしまいます。具体的な指示をしなかった依頼側に問題がありますが、撮影側が「食卓の写真なら品数の多いほうがおいしさが伝わる」という一般的な判断で進めてしまったのです。写真撮影の依頼をするときにはその写真で「何を伝えたいのか」を具体的に伝えてお願いしましょう。撮影前の綿密な打ち合わせも必要です。

　この一件から学んだことは、「メッセージと一致しない写真」はいらないということです。今回のように「食卓の写真なら品数の多いほうが良いだろう」と一般的な

考えに引きずられてしまうことはよくあります。しかし、一般的な食卓の写真なら素材サイトでも入手できますし、そもそも素材サイトで手に入りそうな写真を使用していては競合サイトとの差別化ができません。手に入りやすい写真が伝えるメッセージは、ありがちなメッセージだということです。一般的な考えに流されて、的確な演出の依頼ができないと誤ったメッセージを伝えてしまいます。

なお、上澤梅太郎商店の写真は再撮影で戦略メッセージが伝わるとても良いものになりました（**図 26**）。

図25 メッセージと矛盾した写真になってしまった

図26 再撮影後の写真

撮影：中原 一隆

3 イラストの活用

「特徴」や「違い」を伝えたいときは、写真ではなくイラストを利用しましょう。写真がありのままを伝え見る人に信頼感を与える一方で、イラストは伝えたい情報を強調し、いらない情報をそぎ落とすことができます。写真では情報が多すぎてかえってわかりにくいことも、イラストなら簡単に表現できるのです。リアリティよりも意図を伝えるのに最適な手法なのです。

先ほどご紹介したワイシャツ屋の ozie では、シャツを衿型から選ぶときにお客様が選択する画像に、ワイシャツの写真ではなくイラストを使用しています。図 27 では同じ衿型の写真と、サイトで使用しているイラストを上下に並べてみました。イラストのほうが衿の形の違いを素早く理解できます。

図27 写真とイラストによる衿型の違い

4 UX デザインを活かしたコンテンツ

イラストと写真の両方を上手に活用した例もあります。UX（User Experience）という言葉を聞いたことがあるでしょうか。「ユーザー体験」と訳されますが、商品やサービスを体験するお客様（ユーザー）の視点に立って商品やサービスを設計していこうという考え方です。ウェブサイトではサイトを閲覧するお客様（ユーザー）が使いやすかったり、理解しやすいデザインや構造のサイトを作ることを UX デザインといいます。

5-7 伝わるコンテンツの表現

少し難しく感じるかもしれませんので UX 視点で作られたコンテンツの具体例を見てみましょう。

筆者のパートナー企業であるゴンウェブコンサルティングの事務所は、JR 山手線の駒込駅から徒歩 3 分くらい、しかも道はほぼまっすぐという大変わかりやすい立地に位置しています。しかし、自社ウェブサイトのアクセス情報のページに Google マップ（**図 28**）を掲載していましたが、それだけではお客様が道に迷ってしまうということがよくありました。

図 28 Google マップで見た場合

そこで、Google マップの他に **図 29** のような略地図を加えました。Google マップは拡大・縮小ができてわかりやすい面もありますが、略地図はより目印を明確にしたり、不要な目印を削除したりすることで情報を絞り込みシンプルに伝えることができます。

さらに、地図上の数字やアルファベットのポイントごとに写真を撮影し、進行方向を示す矢印を加えました（**図 30**）。

第 5 章　戦略コンテンツとガイドコンテンツ

図29　略地図の場合

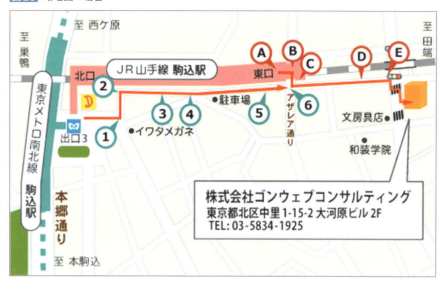

図30　道中の写真も加えた

確かに Google マップのように俯瞰した地図も必要ですが、実際に道を歩く人の視点に立ち、迷いやすいポイントごとに的確な方向を提示してあげることで道に迷う確率を減らすことができます。これがユーザーの視点に沿った考え方です。この道案内マップを採用したところ、道に迷うお客様がほとんどいなくなりました。UX の視点を大切に、お客様にとってわかりやすいコンテンツの表現方法を考えましょう。

5　動画の価値

ウェブサイトのコンテンツにおいて、今や動画も重要なコンテンツの 1 つです。情報量が多いとき、動きなど文字や写真イラストだけでは伝わりにくいとき（料理などハウツーもの）、よりリアリティを伝えたいときは動画を制作してみましょう。

動画はこちらが意図したとおりの順序で情報を提示し、音声による説明を加えることができるので、**多くの情報を短時間で伝えることができます**。テキストは読まなくても動画なら見るというユーザーも多いので、単純に情報に触れてもらえる機会が増えるという効果もあるでしょう。

ただし、何でもかんでも動画にすれば良いというわけではありません。最近は閲覧してみてもページに表示されている画像がスライドショーになっているだけという意味の無い動画も目につきます。意味の無い動画はお客様の満足度を低めることになるので、本当に必要なことを動画にするようにしましょう。

● イラスト動画の事例①

図31 動画「エンジェル宅配サービス まるわかり動画」より
(http://www.angelexpress.jp/index.html)

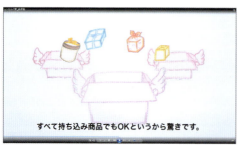

サービスや商品の概要を説明するにはイラスト動画がおすすめです。紙芝居やパラパラ漫画に近いです。写真よりも要点をまとめて、しかもシナリオに沿って伝えることができます。

結婚式の引き出物直送サービスを行う『エンジェル宅配』(http://www.angelexpress.jp/)というウェブサイトでは、このサイトで販売していない引き出物でも同梱して送ることができる「持ち込み宅配」サービスを提供しています。このサービスを紹介するためにイラスト動画を制作しました（図31）。

イラストの動きとナレーションのおかげでサービスの内容をすぐに理解できます。この動画をサイトのトップページに設置して持ち込み宅配を前面に押し出したところ、利益率の高い持ち込み宅配の注文が全体の1割から4割程まで増えました。

5-7 伝わるコンテンツの表現

● イラスト動画の事例②

図32 動画「インクナビまるわかり動画」より
（http://www.inknavi.com/）

ナビヲくん、活躍はきいているぞ

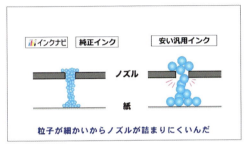
粒子が細かいからノズルが詰まりにくいんだ

写真印刷の長期保存が苦手なんだ

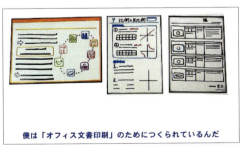
僕は「オフィス文書印刷」のためにつくられているんだ

　互換インクを販売するインクナビでも、純正インクと互換インクの違いを説明するためにイラスト動画を制作しました（図32）。

　純正インクと互換インクを擬人化したキャラクターが性質の違いを語っていきます。インクナビの互換インクは純正インクに比べて、印刷トラブルの頻度や印刷直後のきれいさは変わりませんが、印刷物を長期間日光に当てると退色してしまいます。しかし価格は純正インクの半額で印刷コストを抑えられるので、長期保存が目的でないオフィス文書に最適なのです。このような複雑な説明を動画でわかりやすく伝えています。

　動画は時間軸に沿って一方通行に流れるので、ランディングページの代わりに使うのにも適しています。

6 最適な方法で伝わるコンテンツを作ろう

　以上、本節ではテキスト、写真、イラスト、動画など、それぞれの制作時の注意点や効果的な活用方法を事例を交えて解説しました。

　どんなに伝えたいメッセージがあっても、その表現方法がまちがっていれば成果につながらないコンテンツとなってしまいます。都度、最適な方法を考え、伝わるコンテンツ作りを心がけましょう。

第6章

売れるウェブデザインは戦略を映している

6-1 「売れる」デザインとは？

1 ユーザーが見ているものは、表層ではなくメッセージ

「見た目はキレイなのに、思うような成果が上がらない」「必要だと思われる情報は網羅しているはずなのに、いまいち反応が薄い。上司やクライアントから"もっと売れるデザインにしてほしい"といわれても、どう改善したらいいのかわからない……」と、途方に暮れたことはありませんか。

思うような成果が上がらないのには、必ず理由があります。

デザインの見た目にいくらこだわっても、内容が薄く、価値の無いコンテンツでは成果は上がりません。ターゲットを絞り込まず、万人向けの情報が並べられているだけでは、誰の目にも刺さらず、読まれることもありません。

大切なのは、表層をいかに飾るかではありません。**ユーザーの課題をどう解決できるか**です。デザインの役割は、そのためのメッセージを伝えることです。ユーザーが見ているのは、表層の奥にあるメッセージ、つまり自分にとって価値のある情報（コンテンツ）なのです（**図1**）。

図1 ユーザーが本当に見ているものは……

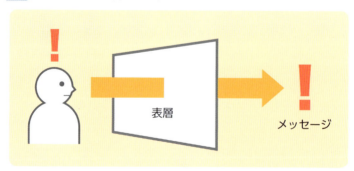

サイトユーザーにとって価値のあるメッセージがあり、伝わるデザインになっていれば成果は上がります。表層デザインの完成度を目指すより、コンテンツ設計も含めた全体の完成度を目指しましょう。表層デザインだけで成果は上がりません。伝えるべきコンテンツの制作に注力しましょう。コンテンツ無くしてデザイン無しです。

　本章では、以下を提案します。

捨てること
- 見た目がきれいなだけ、かっこいいだけのデザイン
- あなたの中のユーザー像にとらわれること
- 誰のためにもならないデザイン
- 誰にとっても使いやすくデザインしようとすること
- 複雑なデザイン

取り組むこと
- 特定のユーザーのためのデザイン
- 中身が先、器は後
- 引き算するデザイン（絞る、優先順位をつける、余白を作る）
- 表層だけではなく、購入体験をデザインする
- デザインを言語化する

6-2 ウェブデザインは「飾り」ではない

1　ウェブデザインは「使う」もの

　デザインというと、ビジュアルや装飾を思い浮かべる方も多いと思いますが、デザインは「問題解決のための手段」です。ウェブデザインの場合、見た目だけではなく、構造や動作の設計を含みます。

- 企画したコンテンツや情報を整理する
- ページ間の構造を設計したり、ページの中のレイアウトをする
- ボタンを押したときや入力したときなどのアクションを考える
- 見た目の表層的なデザインをする

　これらすべてを総称してウェブデザインと呼びます。意図するユーザーに、どのように見せ、どのように使ってもらえたら満足してもらえるのか。これを考えながら抽象的なイメージを具現化していくのです。
　ウェブサイトのユーザーは、単にサイトを「見る」ために訪問するのではありません。
　サイトを使って自分の目的を達成するために訪問します。例えば、

- 資料請求、問い合わせ、商品購入など、行動を起こしたい
- 知りたい情報や見たいものがある
- ゲームやソフトを利用したい

などです。
　だからこそ、グラフィックだけでなく、機能性とマーケティング要素も同時に作るという点で、ウェブデザインと単なるグラフィックデザインとは性質が違います。
　また、「バッグを購入する」という目的は同じでも、洋服に合うバッグがない、通勤で使うためのバッグが必要など、問題は同じではありません。問題が違え

ば、デザインは異なります。

　ウェブデザインの本当のゴールは、サイトを作ることではなく**ウェブサイトを使ってもらいユーザーの問題解決をすること**です。戦略にのっとったユーザーエクスペリエンス（UX）を実現することが、ウェブデザインの役割なのです。

2　ユーザーエクスペリエンスデザイン（UXD）

　UXとは、ユーザーエクスペリエンス（User Experience）の略語です。UXは、商品・サービス、安全性、これまでの経験、社会的背景などさまざまな条件から成り立つ、お客様の体験です。デザインがキレイ、文字が読みやすい、サービスの質が良い、導線が動きやすい、これらもすべてUXです。利用する中で感じるすべてがUXです。

　企業は特定のユーザーにフォーカスして、その人の求める体験を提供し、対価を得ようとします。これが戦略です。この、**抽象的な戦略に基づいて、具体的な商品やパッケージ、広告、サービスまでもデザインする考え方**をユーザーエクスペリエンスデザイン（UXD）といいます。

　ユーザーが求めているのは、商品（モノ）、サービス（コト）そのものではなく、それを使って得られる体験です。そして、同じロールケーキを買うお客様でも、おいしいという体験を求めている人、家族で楽しく食べる体験を求めている人、ギフトを贈って相手に喜んでもらう体験を求めている人など、求める体験は異なります。

　求める体験は異なるので、提供すべきデザインも異なるわけです。つまり、UXDの考え方は、特定のユーザーに向けた戦略を達成するためのデザインの考え方であるともいえます。何をデザインする上でも、このUXDの考え方に基づいてデザインすることで、戦略を具体的な商品、サービスに反映させることができます。

　UXDの手順を5つのステップに分けた、**UXDの5階層概念モデル**という考え方があります（**図2**）。戦略、要件、構造、骨格、表層と5つの段階に分け、抽象的なものを徐々に具体的にしていきます。

図2 UXDの5階層概念モデル

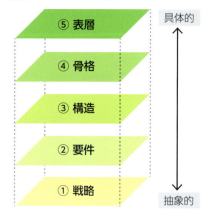

① まず、解決すべきは誰のどんな問題？（戦略）
② その問題を解決するためにどんな仕様や機能が必要なの？（要件）
③ そして、それをどういう順番で伝えれば良い？（構造）
④ その順番で伝わるために、どういうレイアウトで表現する？（骨格）
⑤ さらに色は？ 形は？ 材質は？ イメージは？（表層）

この考え方は、どんなデザインにも適用できます。ウェブサイトデザインもこのUXDの考え方が主流ですが、家を建てる場合でも同じ考え方ができます。まずは家を建てるシーンを事例に、5つのステップを具体的に見てみましょう（**図3**）。

図3 家づくりの5階層概念モデル

① 戦略

　例えばあなたが建築士さんで、4人家族のAさん一家に「家を建ててほしい」といわれたらどうしますか（**図4**）？

　いきなり家具や配置から聞いたりしませんよね。まず、その家に住むのはどんな人だろう？　家族構成は？　生活スタイルは？　どんな生活がしたいのだろう？　など、住む人のことを知ることから始めると思います。

Aさん一家の家族構成と要望
- お父さん………サラリーマン。毎日疲れて帰るので広いお風呂でリラックスしたい。
- お母さん………専業主婦。料理が大好き。近所のママ友を家に招いての食事会が楽しみ。1日中家にいることが多い。
- 娘さん…………高校生で毎朝早くから登校。平日は家にいることが少ない
- おじいちゃん…足が不自由で家の中でも車いすで過ごしている。趣味は家の中で植物を育てること。

図4 家を建てるイメージで考えてみよう

　このような状況を聞いて、Aさん一家が快適に暮らすために必要なことを洗い出します。これを「要件」といいます。

② 要件

どんな要件を満たせば、家族みんなに快適に暮らしてもらえるでしょう。例えば、以下のようなことが実現できれば良いのではないでしょうか。

- 広い浴槽とゆったりできる浴室
- 家族4人がかけられるテーブルの他に、お客様を招いても座れるスペースが設けられる、広くて明るいリビングダイニング
- 収納たっぷりで機能的なシステムキッチン
- 光が十分に採れるよう設置された窓や庭、ベランダ
- 階段の登り降りができないおじいちゃんの部屋は1階に
- 1階のトイレや廊下は車いすが通れる広さが必要で、全面バリアフリー
- 玄関には車いすでも外に出られるスロープを設置する

③ 構造（間取り図）

要件が決まったら、その要件をすべてかなえるための、一番大きな設計に取り組みます。家を建てるシーンでいえば、間取り図です（**図5**）。家具の配置や内装を決める前に、まずは車いすで通れる廊下やトイレのスペースを確保すること、日が当たるスペースを確保すること、ドアはどちらに開くかなど、大まかな領域を設計します。

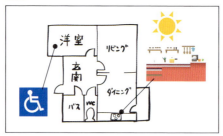

図5 間取り図

④ 骨格（詳細設計図）

大まかな領域が決まったら、各部屋の中の細かな部分を設計します（**図6**）。家具をどこに置くか、窓のタイプやサイズ、ドアの大きさなど、要件を実現するための細かい部分を設計します。

図6 詳細設計図

● ⑤ 表層（内装デザイン）

最終的に、家を仕上げます。これまでは議論されてこなかった、壁紙の色や、カーテンの色、どんな本棚にするか、どんなテーブルにするかなど、要件を実現するために必要なものとは限りませんが、家が機能する上で必要なものを定義していきます（**図7**）。これで完成です。

図7 内装デザイン

抽象的な戦略を、徐々に具体化していくことで、家族のそれぞれが求めていた生活（体験）が得られる家になっているというわけです。

3 ウェブサイトの5階層概念モデル

ウェブサイトのデザインも、家を建てるのと同じです。ウェブサイトを使うユーザーのことを知り、そのユーザーにとって必要な要件を満たすデザインを行います。

ウェブデザインでは、ウェブサイトの5階層概念モデルという考え方があり、より詳細に定義されています（**図8**）。

第6章 売れるウェブデザインは戦略を映している

図8 ウェブデザインの5階層概念モデル

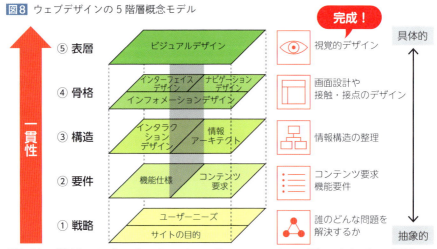

引用：『ウェブ戦略としての「ユーザーエクスペリエンス」』Jesse James Garrett（著）、ソシオメディア（翻訳）

① 戦略： 誰の、どんな問題を解決したいのか？
② 要件： ユーザーが目的を達成するために必要な要件は何かを考える
③ 構造： 要件を満たすのに必要な要素や情報を整理し、構造化する
④ 骨格： 骨格（ワイヤーデザイン）を作る。ページごとに必要な要素のリストアップ、コンテンツを伝える順番や大きさなど、画面設計を行う。また、ユーザーが起こしたアクションをどう返すかなどの機能的なデザインもここで決める
⑤ 表層： ワイヤーデザインを具体的な視覚的デザインに落とし込む

具体的な例を、ナッツとドライフルーツを販売している小島屋のウェブサイトの事例と一緒に見てみましょう。

● ① 戦略

まずユーザー像を、調査分析やヒアリングから導き出し、伝えるべきメッセージを定義します。

ナッツやドライフルーツをおつまみとして買いたい人は、お酒に合うおいしさを求めますが、レストランやバーの仕入れとして探す人は、コストパフォーマンスが良いこと、手間がかからないことを重視して選ぶでしょう。

6-2 ウェブデザインは「飾り」ではない

● ② 要件

どちらのユーザーをターゲットにするかで、要件が異なります。

おつまみユーザーに対しては、どんなお酒に合うかを伝える必要があり、仕入れユーザーに対しては、サラミやポテトチップスに比べてどれくらいナッツやドライフルーツが手間なく、コストパフォーマンスが良いかを伝える必要があるでしょう。このような要件はコンテンツ企画のゴールとなります。

また、EC サイトとしての役割を果たすために必要な、カートシステムの機能要件も検討します。

● ③ 構造（サイトマップ）

構造は、要件に沿って製作したコンテンツや情報を整理し、ユーザーが目的の情報や機能にたどり着くように設計します。

小島屋のサイトでは、まだ商品が決まっていない人に対して、おつまみで探す、業務用として探す、美容や健康のために探すなど、「シーン別おすすめ」のページへ誘導しています。

● ④ 骨格（ワイヤーフレーム）

ユーザーによって、見たいページ（私たちが見せたいページ）も異なります。ユーザー目線でページ間を移動しやすいようにナビゲーションを設計したり、情報の優先順位を考え、配置を行います。

● ⑤ 表層（視覚的デザイン）

これまでの情報を視覚的デザインに落とし込みます。情報の色形だけでなく、ここはボタンか、リンクかなど、機能面も視覚的にデザインし使いやすさを実現します。

お店のアイデンティティを表す配色にしたり、適切な余白やテキストや写真による情報整理も重要です。コンテンツの見た目の表現方法、表層ルールを統一することも、意図するターゲットが使いやすいサイトを実現するために重要です[※1]。

※1 「6-3 小島屋での購入体験(UX)事例」では具体的な 3C やワイヤーフレームの事例などを使って、さらに詳しく説明しています。

ここでも重要なのは各階層に取り組む順番です。**必ず戦略から表層へ、下から上へと進めます。**戦略を立てる時点では抽象的ですが、だんだん具体的になっていきます。どこかのステップで逆流すると、戦略メッセージが伝わらない、何も生み出さないサイトになってしまいます。上流階層で決めた戦略を引き継いでデザインに落とし込むことが重要です。

このように、家でもウェブサイトでも、UXDの考え方に基づいて5階層概念モデルに沿ってデザインすることができます（**図9**）。

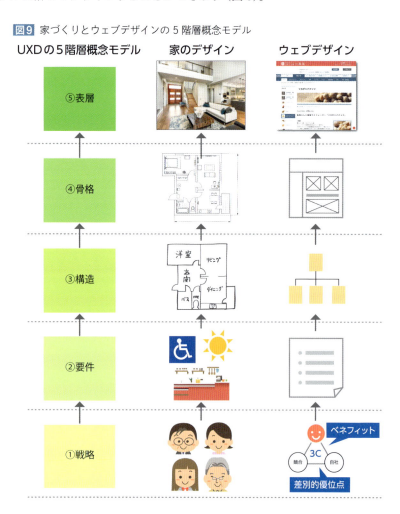

図9 家づくりとウェブデザインの5階層概念モデル

6-2 ウェブデザインは「飾り」ではない

● 見直すときには、上流階層の文脈まで戻る

　例えば、本来はメッセージとして品揃えの多さを伝えようとするなら、トップページのキービジュアルに商品がたくさん並んでいる写真を使うのは妥当です。しかし、適切な写真が手に入らないために、品揃えではなく「この商品がどんなに優れているか」という品質の良さを伝える写真を使ってしまったとします。これは不適切です。「品質の良さを伝えるのは良いことなのでは？」このように考える方もいるでしょう。しかし、この発想がよくあるまちがいです。戦略が失われてしまっているからです。何かを伝えると、何かが伝わりづらくなります。すべてを伝えることができないからこそ、戦略によって「ターゲット」は誰か、「選ばれる理由」は何かを定義し、メッセージを絞り込んでいるのです。

　もし、「戦略そのものが誤りではないか」と思うのであれば、戦略を再検討するのは問題ありません。そのかわり、その後の階層もすべて見直さなければなりません（**図10**）。現実的には、このように5つのステップを行きつ戻りつしながらデザインしていきます。デザイナーがより広い階層を理解できるほど、戦略がデザインに反映されるでしょう。

図10　5階層概念モデルを行きつ戻りつしながら考える

● あなたの問題を解決してはいけない

戦略（＝メッセージ）が反映されていないデザインは、自己満足の世界です。どんなにキレイでかっこいいサイトでも、ユーザー不在だったり、ユーザーの問題を解決できなければ、成果にはつながりません。

成果を出すには、戦略からカタチにするまでを「一気通貫」させること。そのためには、あなたの中だけのユーザー像にとらわれることをやめ、次の3つを意識しながらデザインしましょう（**図11**）。

① あなたの思い描くユーザー像は戦略に従っているか
② ユーザーがサイトで達成したい目的を、正しく把握できているか
③ ユーザーが目的達成できるデザインになっているか

図11 ターゲットユーザーと課題

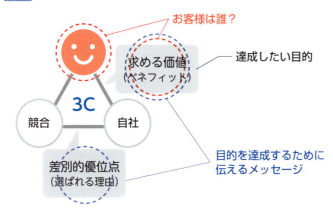

6-3 小島屋での購入体験（UX）事例

1 小島屋の3C

それでは、ユーザーの目線で小島屋の事例詳細を見てみましょう。

ナッツやドライフルーツなどを販売している『小島屋』（http://www.kojima-ya.com/）は、リニューアルを機に2年間で売り上げが7倍に増えました。この、小島屋での購入体験は、どのようにデザインされたのかを見てみましょう。

まず、戦略の検討段階で、主なターゲットユーザー、それぞれのベネフィット（お客様が求める価値）、競合他社より優れている点（選ばれる理由）などが、3Cに落とし込まれました（**図12**）。

図12 おつまみユーザーの3C

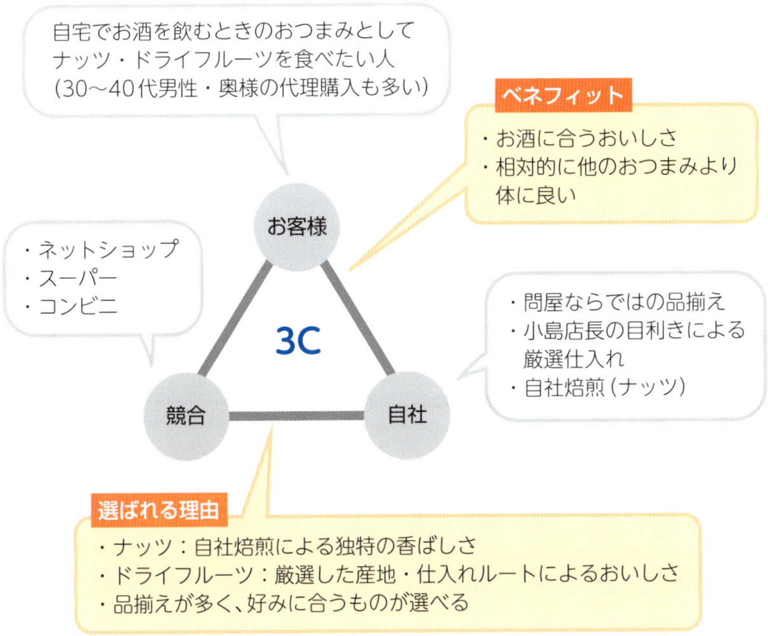

お客様：自宅でお酒を飲むときのおつまみとしてナッツ・ドライフルーツを食べたい人（30〜40代男性・奥様の代理購入も多い）

ベネフィット
・お酒に合うおいしさ
・相対的に他のおつまみより体に良い

競合
・ネットショップ
・スーパー
・コンビニ

自社
・問屋ならではの品揃え
・小島店長の目利きによる厳選仕入れ
・自社焙煎（ナッツ）

選ばれる理由
・ナッツ：自社焙煎による独特の香ばしさ
・ドライフルーツ：厳選した産地・仕入れルートによるおいしさ
・品揃えが多く、好みに合うものが選べる

ユーザーモデルとして6つ（おつまみユーザー、仕入れユーザー、美容とダイエットユーザー、料理やお菓子ユーザー、おやつユーザー、健康ユーザー）想定されています。それぞれに3Cを定義していますが、**図12**はその中のおつまみユーザーの3Cです。

自宅用のおつまみとしてナッツやドライフルーツを探す人が求めるベネフィットは、単なるおいしさではなく、お酒に合うおいしさです。また、サラミやポテトチップスなどに比べると（特にナッツは）健康に良いこともあげられます。他のネットショップやコンビニを競合と考えると、「品揃えが多い」「自社焙煎ナッツがパリッとして香ばしい」という差別的優位点があります。

2　ニーズの段階で振り分ける構造設計

サイト構造を考えるときに意識したいのは、**ユーザー目線で構造化すること**、**情報の粒感をそろえること**、**ニーズに段階があること**の3つです。

小島屋のサイトでは、まだ商品が決まっていないニーズユーザーに対して、おつまみで探す、仕入れ用として探す、美容や健康のために探すなど、「シーン別おすすめ」のページへ誘導しています。

一方、すでに欲しい商品が決まっており、その商品を探している人は、商品一覧ページからナッツなどの大分類へ進みます。「ナッツとドライフルーツ、どっちにしようかな」と悩んでいる人は、ナッツ、ドライフルーツ、チップスのページを行き来して比較検討をします。さらにウォンツ寄りになった「ナッツが欲しいのだけど、どれにしようかな」と迷っているユーザーは、ナッツの中にあるアーモンド、ピスタチオ、カシューナッツなどのページを行き来しながら欲しいものを絞り込んでいきます。ナッツとドライフルーツのいちじくも同時に比較するというシナリオは考えにくく、ナッツを比較検討し終わってから、ドライフルーツの中の商品を比較検討するのが普通でしょう。このためナッツ、ドライフルーツ、チップスなどを軸にして、商品を比較するツリー構造になっています。

また、こうすることで、「アーモンドが欲しい」と明確に決まっているウォンツユーザーも、商品にたどり着きやすいということがわかるでしょう（**図13**）。

6-3 小島屋での購入体験（UX）事例

図13 小島屋のサイトマップ

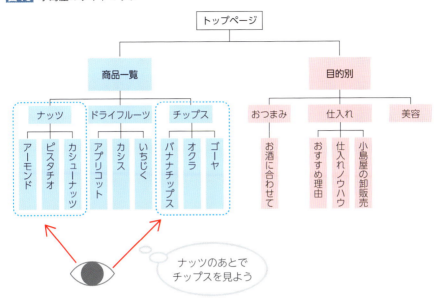

3 　トップページのキービジュアル

　トップページは多くの人が一度は訪れるサイトの顔、その１等地に位置するのがサイトのキービジュアルです。

　多くのユーザーは１サイトを訪問するのではなく、目的にあったサイトをいくつかパパッと見て、さらにその中から絞り込んでじっくり見るという行動をとります。だからトップページのファーストビューで、戦略3Cからの「ベネフィット（お客様が求める価値）」と「選ばれる理由（差別的優位点）」を伝えることが重要なのです（**図14**）。

図14 トップページのキービジュアル

キービジュアルで伝えたいのは、下記の4つです[※2]。

・おいしさ
・品揃え（種類）の多さ
・自社焙煎（ナッツ）
・下町感・リアリティ・信頼感

キービジュアルは一瞬の判断なので、「考えさせない」ことが重要です。極力、文字ではなく写真やイラストなどイメージで表現しましょう。

特に、おいしさを伝えるには、視覚が一番なのでおいしそうな写真を散りばめました。写真を重ねて多さを伝える表現方法もあると思いますが、図14のように隙間を空けることで、個々のシズル感が際立ちます。

種類が多いことの根拠として「種類の数」「自社焙煎」という特徴については、イメージで表現せずストレートに文字で表現しました。

そして店長小島さんのイラストで、下町感、老舗感、個人の信頼性を表現し、親しみやすさを補足しました。

※2　先ほど、おつまみユーザーの3Cを紹介しましたが（図12）、この4つはどのユーザーにも当てはまるため、キービジュアルで表現する要素に選びました。

4 | トップページの骨格

　小島屋では、調査・戦略の段階で、ウォンツ型（ナッツの中でもアーモンドを探す人など）、ニーズ型（おつまみ用のナッツが欲しい人など）のユーザーが混ざっていることがわかっていました。なので、欲しい情報にたどり着きやすい、振り分け構造と同時に回遊性の実現も意識した構造、骨格になっています（**図15**）。

図15 トップページの骨格

汎用的なワイヤーデザインと、戦略に基づいて作られたワイヤーデザインを比べてみましょう。

● ワイヤータイプ①：ネットショップのテンプレート型

よくあるネットショップのテンプレートです（**図16**）。オリジナルデザインとの違いを考えてみましょう。

メイン領域の上部にランキングやおすすめ商品を配置し、左ナビゲーションで商品カテゴリを並べています。

この場合、アーモンドやピスタチオなど買いたいものが決まっている人にとって、ランキングにドライフルーツばかりが並んでいると、「ナッツを買いに来たのにドライフルーツばかりだな」とがっかりしてしまいます。探しているもの以外の情報が多いとそれはノイズに感じてしまうのです。

また、目的別コンテンツはユーザーが予測できないコンテンツです。自分からは探してはもらえませんが、戦略コンテンツとして重要度は高いため、流入を促すためにもっと目に入る位置へ配置する必要があります。

● ワイヤータイプ②：ウォンツ型・振り分け型

それに対して、今回最初に考えたワイヤーフレームです（**図17**）。完全な振り分け構造にしたパターンです。1カラムにして一覧性を高めました。

商品よりもユーザーの目的別の入り口を上に配置することで、全員が必ず最初にここを目にします。この6つのユーザーモデルのいずれかに当てはまるユーザーは、ナッツやドライフルーツについての知識がなくても、適したコンテンツにたどり着くことができます。

一つひとつのエリアを大きくすることで写真を大きく使えますので、シズル感も訴求しやすくなりました。

しかし、これでは「アーモンド」や「ピスタチオ」など、具体的に欲しい商品が決まっているユーザーもカテゴリを経由するので、該当商品のページにたどり着くのに少し手間がかかってしまいます。

また、差別的優位点である商品のバリエーションも伝わりません。

6-3 小島屋での購入体験（UX）事例

図16 ネットショップのテンプレート型

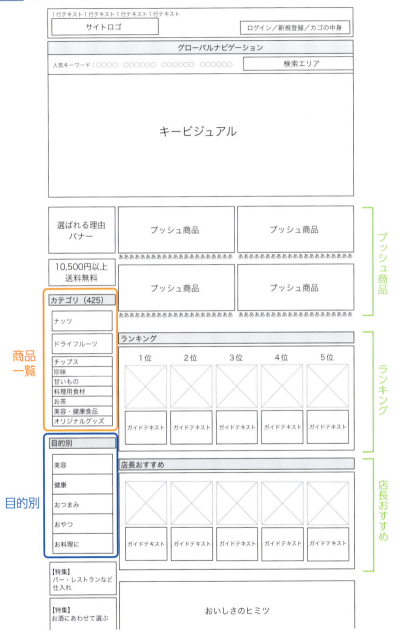

第 6 章 売れるウェブデザインは戦略を映している

図17 ウォンツ型・振り分け型

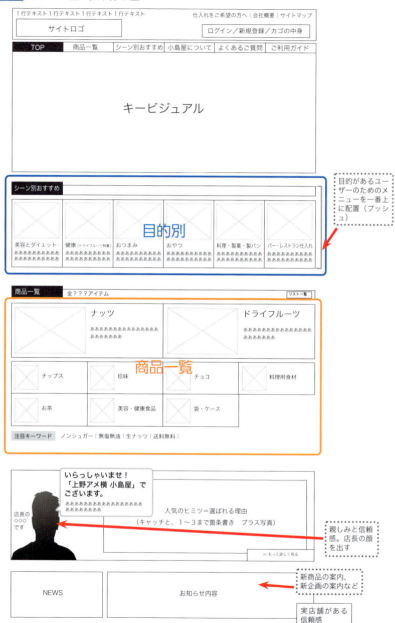

● ワイヤータイプ③:ニーズ&ウォンツ型

そこで、それを改善したのがニーズ&ウォンツ型の構造設計です(**図18**)。商品一覧エリアに商品ページの直行リンクを張ることで、欲しいものが決まっているユーザーにとっても使いやすくなりました。写真を使ったシズル感の訴求と、商品名をリスト化することで、差別的優位点でもある商品バリエーションの多さも訴求できました。「こんな商品もあるのね!」とワクワクしますね。

●「つい他の商品も見たくなってしまう」

商品の詳細ページには左メニューをつけ、品種名の横にはシズル感のある写真を並べました(**図19**)。

欲しい商品が明確で、まっすぐに商品詳細ページへ進んだウォンツユーザーにも、「他にもおいしそうな種類がある!」と思って見てもらえるようになります。まだ欲しいものが明確でないニーズユーザーにとっても、商品のガイド的な役割を果たします。欲しいナッツの形や色はわかるけど、名前はわからない。そんな人でも欲しいナッツを探しやすくなりました。商品知識が浅い人にとっても、ついで買いを促す設計となっています。

また、メインカラム上部のシズル感のある写真も効果的です。パッと開いたファーストビューでおいしさが目に飛び込んでくるのでつい欲しくなってしまいます。

第6章 売れるウェブデザインは戦略を映している

図18 ニーズ＆ウォンツ型

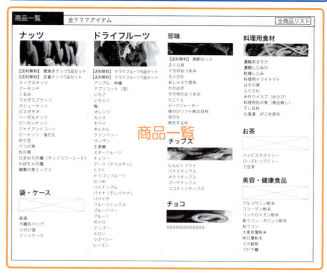

6-3 小島屋での購入体験（UX）事例

図19 商品の詳細ページ

シズル感の写真

写真付きのサイドナビ

5　デザインしているのは、購入体験

　このように、ユーザーがこの小島屋のサイトを回遊している中で、構造でもビジュアルでも「おいしさ」「品種の多さ」という同じメッセージが確実に伝わるようデザインしています。

　「選ばれる理由」は、図版やテキストを使ってしっかり伝えるページももちろんあるのですが、残念ながらすべてのユーザーが私たちの見せたいページを見てくれるわけでありません。戦略でターゲットとしたユーザーが回遊する中で、自然に「ここで購入すると、私にとって1番良さそう！」と思ってもらえるようにデザインをすることが、戦略をデザインに落とし込むということです[※3]。

　これがユーザーにとって小島屋のサイトでの購入体験、つまりUX（User Experience）なのです。

　ビジュアルも、商品の探しやすさも機能性も、コンテンツの魅力も、すべてをあわせてユーザーの購入体験です。売り上げが伸びているのはおいしさが最大の要因ですが、購入体験を通して感じられるお客様の満足感が、大きく成果を後押ししていると考えられます。

※3　小島屋の商品詳細ページのデザインは、ほとんどリニューアル前のままです。リニューアル前から商品を魅力的に見せることに成功していたため、そのまま引き継いでいます。

6-4 ユーザー目線の構造設計

1 良いサイトは、サイト構造を思い描ける

それではここからは、実際にウェブサイトのデザインフェーズにあたる「構造設計」から「表層デザイン」までを、順番に説明していきます。

カタログやチラシのような紙ものなら、何がどこにあるか把握することは簡単ですが、ウェブサイトは情報量が多いのに画面に見える範囲が限られるため、一部分ずつしか見えず、全体を把握するのは簡単ではありません(**図 20**)。

図20 ウェブサイトと紙ものの違い

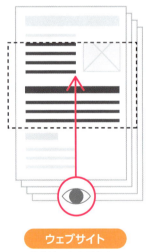
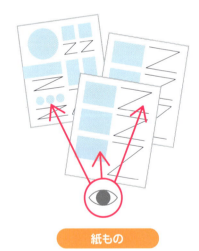

ウェブサイト
部分的にしか見えない

紙もの
俯瞰して見える

情報を無限に掲載できるのがインターネットの良いところですが、情報が増えれば増えるほど、迷子になりやすいのも事実です。だからこそ、情報の多い大型サイトこそ、簡単に使えるようにシンプルな構造を求められます。

良いウェブサイトの構造設計は、平面なのに立体構造をイメージできます(**図**

21）。具体的には、次の3点を満たしています。

① 今いる場所がわかる
② この前にいたページがわかる
③ 次に行きたいページがわかる

図21 良いサイトは構造を想像できる

　また、ユーザーが最初に見るページはトップページとは限りません。トップページ以外に着地したときでも迷子にならないようにしましょう。
　構造をつかみやすくするための1つの策が、フッターに展開した詳細サイトマップです。こうすればサイト全体が俯瞰できるので、行きたい場所へ行けます[※4]。

● フッターのサイトマップ事例

　図22 は、サイト全体を見渡せるようにメニューを構成している例です。グローバルナビゲーションとその配下にぶら下がるメニューのラベルを揃えておけば、ユーザーも混乱しません。もちろん、グローバルナビゲーションが体系的に整理されていることが前提です。
　図23 は、現在いるカテゴリ階層にあるページだけを展開していますが、自分が今どのカテゴリにいるのかが把握しやすい例です。

※4　スマホサイトの場合には、見づらくなるためフッターのサイトマップをとってしまうこともあります。

第**6**章 売れるウェブデザインは戦略を映している

図22 事例①『小島屋』(http://www.kojima-ya.com/)

図23 事例②『酵素オンライン』(http://www.okgenki.com/)

　また、メニュー以外に、現在位置をわかりやすくするために用いるのが、**図24**のようなパンくずナビゲーションです。パンくずナビゲーションを設置すれば、トップページでないページに着地したとしても、今自分のいるページがどのカテゴリに属するのか、1つ上の階層がどこなのかなどすぐにわかりますので、迷わずに戻ることができます。

6-4 ユーザー目線の構造設計

図24 事例③『小島屋』(http://www.kojima-ya.com/)　パンくずナビゲーション

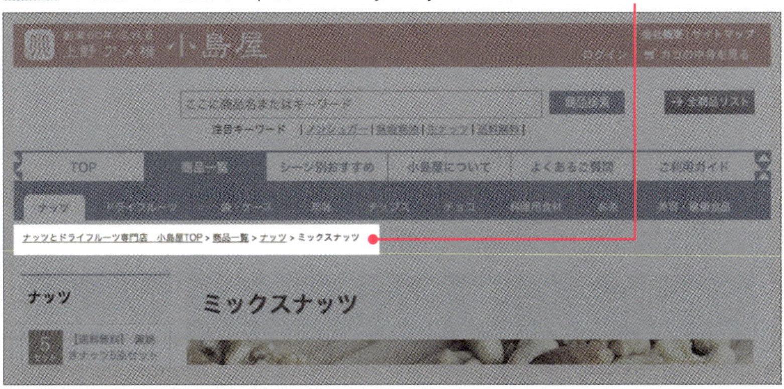

2 情報を整理して、ユーザー中心の設計を

　構造設計でも、カギは戦略の落とし込みです。ユーザーは誰？　どこからやってくる？　ユーザーのシナリオにより、構造も変わります。

　伝えるときには、1ページ1テーマで、ユーザーに必要な情報を選んでもらえるようにしましょう。ユーザーのクリック数を減らしたほうが良いという考え方もあり、ページビュー数が増えることを嫌う人もいますが、今は通信回線の速度も速くなっているのでページをめくるストレスは緩和されました。

　コンテンツから先に考えていくと、ページによって分量がバラバラになります。だからといって、最初からボリュームを統一したり、レイアウトから作ることはおすすめしません。伝えたいメッセージが伝わるように、十分なコンテンツを盛り込み、デザインはシンプルにし、手間を減らしましょう。あくまで、中身が先、器は後です。

3 中身が先、器は後

　図25 はとても重要な戦略コンテンツだからこそ、コンテンツの表現方法が変わった『上澤梅太郎商店』の事例です。

　同じ「インタビュー」というカテゴリで3名のこだわりを紹介していますが、ここで重要なのは3人の個性です。コンテンツそのものが三者三様だからこそ、

第6章 売れるウェブデザインは戦略を映している

レイアウトも異なります。

「器のデザインが先ではなくて、中身を決めるほうが先」だからこそ、このようなことが起きるのも自然なことです。

図25 『上澤梅太郎商店』(http://www.tamarizuke.co.jp/) のインタビューページ

あいさつ形式

語り形式

インタビュー形式 ＋ オリジナルコーナー

6-5 誰が利用するかで、骨格は変わる

1 骨格のキモはナビゲーション

　ネットショップで、商品を購入する気で必要な情報を探そうとしても、ありかがわからない。「ここかな？　そこかな？」とはずれページを開いているうちに疲れてしまって購入をやめてしまう。そんな経験はありませんか。

　そのようなサイトにならないように、ウェブページの要素をワイヤーフレームで表現して整理しましょう（**図26**）。ポイントは、2次元のページをデザインしようとするのではなく、ナビゲーションなどを使って移動するユーザーの3次元の動きを作っていくという意識です。

　ワイヤーフレームは、より大まかなものから詳細なものまで幅があります。通常、いくつかの段階に分けて、徐々に詳細化していきます。トライ＆エラーを繰り返す部分ですので、修正の負担が少ないように、最初の段階は手描きで行うことをおすすめします。

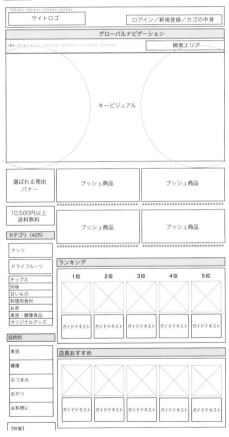

図26　ワイヤーフレーム

● 重要なのはグローバルナビゲーション

特に重要なのはグローバルナビゲーションです（**図27**）。

ページによって、グローバルナビゲーションを変えてしまったり、消してしまうサイトがありますが、それをやってしまうと移動後に元の場所に戻れなくなってしまいます。ページによって変えたり消したりしないようにしましょう。グローバルナビゲーションはどのページにいっても不動で、唯一サイト全体を俯瞰できるナビゲーションです。目的の異なるユーザーのタイプが混合するサイトでも、ここだけは全員が使うことになります。

「漏れなく・ダブりなく」を意識して整理し、全体を網羅しましょう。

図27 グローバルナビゲーションの例

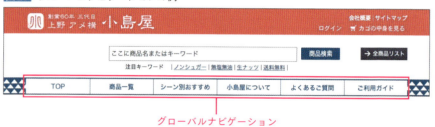

● サイドナビゲーションは、必要？ 不要？

レスポンシブデザインが普及してから、サイドナビゲーションがない1カラム（列）設計のページが増えました。

「最近のトレンドに合わせて、うちも1カラムにしたほうが良いのかな」と迷われている方もいるかもしれません。しかし、トレンドを考えるのではなく、ユーザーの目線に立って考えてみると答えは見えてきます。

サイドナビゲーションは、誰が、どんなときに使いますか？ その人はどんな風にサイトの中を移動できたらうれしいでしょうか？ 用途によって判断しましょう（**図28**）。

6-5 誰が利用するかで、骨格は変わる

図28　1カラムと2カラムの違い

1カラム

・じっくり読む
・訴求力が強い

2カラム

・ついで買い
・比較
・大規模サイト

1カラム（サイドナビゲーションなし）のメリット

- 1画面に入るノイズがないので集中して内容を読んでもらえる
- スペースが広いので写真やコンテンツをたっぷり使える
- 商品カテゴリページなどでタイル状に並べたい場合には、一覧性が高まる

2カラム（サイドナビゲーションあり）のメリット

- 同階層のページ間移動がしやすく、回遊性が高まる

● シーンによってナビゲーション方法を選ぶ

原則として、大型サイトほどユーザーのタイプが多かったり、ユーザーの回遊範囲が広かったり、シナリオが長かったりするので、回遊の仕方にバリエーションが増え、多くのナビゲーションが必要とされます。

グローバルナビゲーション、サイドナビゲーションの他にも、プルダウンメニューや、メガメニュー、サイト内検索など、さまざまなナビゲーション方法があります。シーンによって適切な方法を選びましょう。

ユーザーがどのように回遊するのか、そのシナリオの仮説によってカラム数やナビゲーションは大きく変わります。

同じ階層のページへの移動が頻繁な場合、つまりサイトマップ上で横の移動が頻繁な場合には、サイドにナビゲーションを設置するのが向いています。サイドナビゲーションが無いと、いちいち1つ上の階層に戻って隣のページをクリックし直さなくてはならないからです（**図 29**）。

図29 シーンによって使いやすさを考える

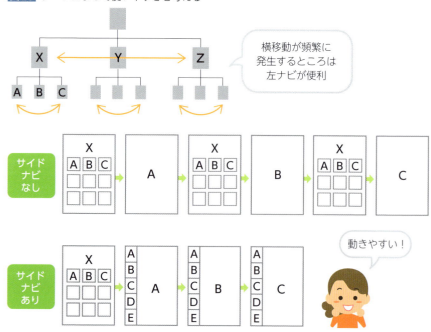

6-5 誰が利用するかで、骨格は変わる

● **メガメニューが使いにくいのは**

　また、ユーザーが欲しい情報が明確（ウォンツ）で、それがサイトのどこにあるのかが明確にわかるような場合は、そのページに直行したいと考えます。そんなときは、メガメニューを設置し、上位の階層から目的のページへ直行できるルートを作ってあげると使いやすくなります。

　グローバルナビゲーションにプルダウン形式で表示させるやり方もありますし（**図30**）、ページ内に常時見えるように設置するやり方もあります（**図18**の商品一覧）。

　このメガメニューは一見使いやすい万能の解決方法に見えますが、実はこれが使いにくいと思うユーザーもいます。自分が欲しい情報が何なのか、それがどこにあるのかがわかっていないユーザー（ニーズユーザー）です。

　例えば、『神戸の作業服屋サヌキ』の例を見ると、作業服にはいろいろなバリエーションがあり、詳しくない方には自分にとってどれが最適なのかがわからないと探せません。そんな方のために、このサイトでは、大きな分類だけを明示し、解説コメントを添えることで、知識がない方でもどの項目を選ぶべきかがわかるようになっています。これをページごとに段階的に行うことで、おのずと欲しい商品が絞り込まれ、目的の商品にたどり着くことができます。

　このように、専門知識を持っていないユーザーでも、解説を見ながら徐々に学習し、自分の欲しい情報にたどり着けるようにするコンテンツをガイドコンテンツと呼んでいます[※5]。

※5　「5-6 ガイドコンテンツ」参照。

第6章 売れるウェブデザインは戦略を映している

図30 『神戸の作業服屋サヌキ』(http://www.kobe-sanuki.co.jp/)

6-6 戦略を活かす表層

1 戦略が変われば、メッセージも変わる

　ここまで、成果の出るウェブデザインとは戦略に基づいて進められていくものだとお伝えしてきました。戦略から導き出されたベネフィット（お客様の求める価値）と差別的優位点が最も重要なメッセージであり、それを表現し伝える手段がコンテンツであり、デザインだからです。

　また、サイトを運営していく上で、戦略を見直し伝えるべきメッセージが変わる場合もあるでしょう。

　これからご紹介するサイトは、戦略を見直し伝えるべきメッセージが変わった事例です。『有限会社ヤマキイチ商店』（http://www.yamakiichi.com/）は、三陸の海辺で採れたてのホタテを活きたままお届けする「泳ぐホタテ」を販売しています。これまでは、おいしいホタテを探している方に、三陸という産地と鮮度を強みとして販売していました。

　しかし、ギフト用途としての販路を考えたとき、お客様は必ずしもホタテを探しているわけでなく、ギフトとしてふさわしいもの（例えば和牛やカニなど）と比較しています。だからこそ、産地や鮮度の前に、和牛やカニと比較して、「ホタテを選ぶ理由」を伝えなければならないと考えました。

　そこで、自社のホタテの価値を「新鮮さ」から「ホタテでおいしい体験ができる」に変更し、トップページを中心に、キービジュアルなどの改善を行いました[※6]。

　改善の前後でサイトの印象は大きく変わりましたが、実は、サイト内で扱っている写真素材はほぼ同じです。それでも、伝えたいメッセージによってどれだけ見せ方に違いが出てくるのかにも注目してみてください。

※6　これはあくまで仮説であり、ギフトユーザーにとって、本当においしさの優先順位が高いのか、またそのとおりだったとしても従来のユーザーよりもギフトユーザーをターゲットにするほうが売り上げが伸びるか、リニューアル後の検証が必要です。

第6章　売れるウェブデザインは戦略を映している

● 従来の戦略

　ヤマキイチ商店は、浜値が日本で一番高いといわれる三陸海岸のホタテを通信販売しています。冷たい海水につけて活きたまま送るノウハウを持ち、鮮度を強みとしていました。また、鮮度と品質の良さから、レストランやホテルなどでも業務利用されています。Googleで「ホタテ　通販」と検索すると上位に表示され、通販でホタテを購入したい方にとっては知られたネットショップでした（**図31**）。

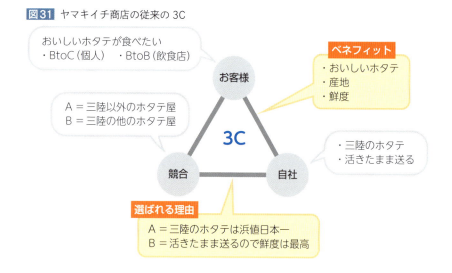

図31　ヤマキイチ商店の従来の3C

● 新しい戦略

　一般的にわざわざ通販で最高のホタテを購入するというシーンは限られています。すでに「ホタテ　通販」で検索順位が上位であることからも、これ以上大幅に売り上げを伸ばすためには新しい市場を開拓する必要がありました。

　そこで考えたのが、ホタテを購入したい方向けではなく、お中元、お歳暮などのギフトシーンに向けてホタテを提案していくことです。「ホタテが食べたい」と思って探す人と比べると、圧倒的に市場の規模は大きいからです。しかし、ギフトの購入者は、必ずしもホタテが欲しいわけではありません。和牛やカニ、もしくはドリンクや雑貨などの中から商品を選ぼうとしています。そんな方に、鮮度や産地を伝える前になぜホタテがお中元、お歳暮に適しているのかを伝える必

要があります（**図 32**）。そこで、ギフトシーンで他の商材と比較したときにホタテが「選ばれる理由」を考え、手ごろな価格や子どもからお年寄りまで幅広く喜ばれること、また食べ方のバリエーションが豊富であることを前面に出すことになりました。それをまとめたのが次の 3C です。

図32 ヤマキイチ商店の新しい 3C

2 ヤマキイチ商店：トップページ全体の改善

新しい戦略に基づいて、**図 33** のようにトップページ全体を改善しました。1つずつ見ていきましょう。

● ① キービジュアルの改善

トップページのキービジュアルは、このサイトで何が得られるのかが一目でわかり、あなたのお店が選ばれる理由が反映されていなければいけません。

従来はホタテを買いたい方をターゲットとしていたため、競合は同じホタテ通販業者でした。だからこそ、産地と鮮度を根拠としたおいしさを伝えることが「選ばれる理由」でした（**図 34**）。

第6章 売れるウェブデザインは戦略を映している

図33 トップページの Before / After

しかし、お中元、お歳暮のシーンをターゲットとした場合、競合は和牛やカニです。そうなると、まずはホタテと和牛、ホタテとカニを比較して、相対的にギフトとしてふさわしい理由を伝えなければなりません。それが食べ方のバリエーションであったり、子どもからお年寄りまで、みんなが喜ぶ食材であることだと考えました。

お客様が求めているのは「おいしさ」です。鮮度が良いのはおいしさの根拠の1つですが、まだホタテを購入すると決まっていない人にとっては「ホタテを選ぶ理由」ではありません。「ホタテでおいしい体験ができる」という届いた後をイメージできるように、シズル感のある調理写真を大きく見せました（**図35**）。

また、食品をおいしそうに見せるオレンジをグローバルナビゲーションに使用し、産直をイメージさせる海背景の寒色系を緩和しています。「新鮮さ」よりも「おいしさ」へフォーカスした改善を行いました。

図34 <Before：ホタテを探してる人にホタテの新鮮さを伝える>

図35 <After：おいしい海鮮、産直品を探してる人におしさを伝える>

● ② 戦略コンテンツへの誘導

リニューアル前は商品を優先的に見せていたのに対し、リニューアル後では戦略コンテンツをキービジュアル直下へ移動し、価値・差別的優位点を優先的に伝えました（**図36**、**図37**）。競合と比較される中で、このサイトが選ばれる理由を明確に伝えるためです。

図36 戦略コンテンツの位置を移動

<Before>

<After>

選ばれる理由

「ヤマキイチのこだわり」「泳ぐホタテについて」「私たちの思い」を選ばれる理由として1つに集約し、グローバルナビゲーションからもアクセスできるよう構造を変更しました。商品やお客様に対する真摯な姿勢を伝えることで、鮮度だけではなく、そこから生まれるおいしさへの信頼感を高めました。

おいしい食べ方

伝えるべきメッセージが「鮮度」から「おいしさ」に変更になったため、下層に埋もれていた「ホタテのおいしい食べ方」へトップページから直接アクセスできるよう改善しました。「鮮度が良い＝お刺身」という固定されたイメージから食べ方のバリエーションを見せることで、「子どもも喜んで食べられる」「いろいろな食べ方で何食も楽しめる」というイメージを伝え、購買欲を高めることが狙いです。

飲食店・法人のお客様へ

引き続き、法人分野での顧客開拓を進めるため、その入り口となるバナーを、サイドバー下部からファーストビュー下部へ移動し、グローバルナビゲーションにも追加しました。飲食店の求める情報は一般消費者とは異なるため、明確に領域を分けてあります。これによってコンテンツの追加もしやすくなりました。店内のイメージ写真は、よりターゲットイメージに近い店舗の写真をセレクトし差し替えています。

図37　戦略コンテンツ

③ 取扱商品の全体像

商品一覧は2つのカラムに情報が重複しており、掲載スペースを有効に活用できていませんでした。そこで、一覧性を高めるため1カラムにし、商品一覧がすべて1画面に入るようにしました（図38）。これにより、おいしい海鮮・産直商品すべての品揃え感が伝わるようになりました。ギフトや定期便などのプッシュ商品は、他の一般商品とサイズを変え差別化しました。

また、商品写真には文字を重ねず、写真から「おいしさ」がより伝わるようにしました。写真のサイズは小さくなりましたが、トリミングの調整により、商品そのもののサイズはほぼ同じでもインパクトは減らないようにしました。

図38 商品一覧

<Before>

<After>

④ 信頼コンテンツの訴求力アップ

「メディア掲載」「お喜びの声」「紹介動画」を1つのエリアにまとめ、信頼コンテンツとして訴求しています。メディア掲載とお喜びの声については、バナーサイズを大きくして、エリア分けして見せることで存在感を強めました（**図39**）。

図39 信頼コンテンツ

＜Before＞

＜After＞

⑤ お買い物ガイドの情報整理

フッターのお買い物ガイドは大事なポイントだけに絞り、他を大きく削除しました。詳細は内容を補足した既存のご利用案内ページへ記載し、ユーザーにとってここで必要な情報だけを残しました（**図40**）。

かつては全ページにコンパクトにガイドを掲載し、ページ移動の負荷を減らすのがセオリーでしたが、最近は通信速度が速くなりページをめくる負荷が軽減されたことで、クリックへのストレスも減りました。そのため、何とかワンクリックでも減らそうと考えるより、必要なページに必要な情報を掲載し、そこに適切に誘導してあげることのほうが重要です。

図40 お買い物ガイド
＜Before＞   ＜After＞

● ⑥ 動線の整理

同じ階層で横移動が多い場合にはサイドナビゲーションが有効ですが、ページ全体が目次の役割をするトップページでは不要です。

サイドナビゲーションのコンテンツを以下のように整理し、関連する情報ごとに集約しました（**図 41**）。

・取扱商品→商品一覧へ
・お問い合わせ情報→フッターへ
・SNS など外部リンク→フッターへ
・価格帯で選ぶ→トップページから削除（商品カテゴリで見せる）

無駄な動線を整理することで、本来見せるべきコンテンツへ動線を集中させました。

6-6 戦略を活かす表層

図41 まとめられた導線

6-7 引き算する勇気

1 あれもこれもになっていないか

戦略に基づいて考え抜いたコンテンツをデザインに落とし込んでいく際に、つい「あれもこれも大事！ 全部伝えたい」と溢れんばかりの情報を詰め込んでしまっていませんか。「ユーザーのために」と思っていても、その中からユーザーが自分にとって必要な情報を絞り込み、目的に到達することは困難です。

広告業界で「3回で認知。7回で理解」といわれていることからも、認知してもらうだけでもハードルは高く、さらに理解してもらうことまで考えると、相当シンプルに、絞って伝えなければならないということがわかります。

それでも、デザイナーの役割を考えると、「優先順位をつけてサイズに大小感をつけるくらいで良いだろう」と考える方が多いでしょう。しかし、それでは大した効果はありません。情報が多すぎると思ったなら、「まずは大きく捨てる」ことです。

「引き算する勇気」を持ちましょう。

2 引き算3つのコツ

適切な引き算をするために、「掲載情報の整理」と「デザイン要素の整理」の両面から、**図42** の3つを意識して考えていきます。

図42 3つのコツ

1 要素を絞る
2 優先順位をつける
3 余白を作る

6-7 引き算する勇気

● ① 要素を絞る

　数ある伝えたい情報の中から必須のものだけを残し、それ以外は捨てましょう。さらに、その中から削れるものを探します。「あればなお良いけど、無くても支障はない」または「今ここじゃなくても伝えるべき場所を設けることができる」というものがそれにあたります。まず「絶対に必要だ」と思うものだけに絞りましょう。自分が残した必須項目の中から、「本当に必要か」「それはなぜか」を突き詰め、さらに半分を削るくらいを目安にしてみてください。

　最初は削りすぎた気がするかもしれませんが、やってみるとより効果的に伝わることに気づくでしょう。

● ② 優先順位をつける

　情報を絞ったり伝える順番を考えたりする上で、何を優先するのか取捨選択なしには次に進めません。ポイントは、何を1番伝えたいのか、重要度の高いものから3つを目安に選ぶことです。3つまでならユーザーとっても一目瞭然でわかりやすく、ポイントも伝わりやすくなります。

　セミナーやプレゼン時の伝えるテクニックとして「理由は3つあります。第1に……」という表現があります。3つなら頭に入ること、また、優先順位も1・2・3、大・中・小、松・竹・梅と意識しやすいのです（**図43**）。

図43　大・中・小の3段階を利用したレイアウト例

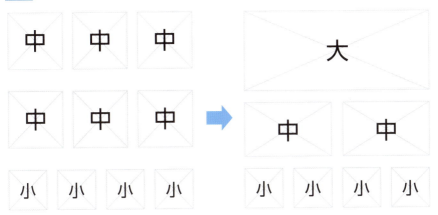

またデザイン面においても、大・中・小の3段階をうまく活用することで十分に伝わるデザインになります。ウェブサイトでは特に、細かいレベル（大中小の間に、中間のレベルを設けるなど）を作ると伝わりにくくなるので整理して伝えましょう。

● ③ 余白を作る

限られた表示スペースを考えると、情報をできる限り詰め込みたくなりますが、それが逆効果となることがほとんどです。

余白は目の動線を左右する重要な要素です。特別なデザインを施さなくても、文字のスタイルごとに隙間を空けてあげたり、長文でも適切に段落分けして段落同士の隙間を作ってあげたりすることで、文章の可読性を上げたり、伝えたい要素をより際立たせる効果があります。ほんの少し意識するだけで、わかりやすさや伝わりやすさが大幅に改善されます。

普段何気なく見ているサイトも余白を活用しています。普段からサイトの余白を意識して見るようにしましょう。余白の部分をベタ塗りして見比べてみると、余白の取り方で印象が違うことがわかると思います（**図44**）。

6-7 引き算する勇気

図44 余白の比較

<リニューアル前：余白狭め> <リニューアル後：余白広め>

3　引き算の実例

　本書の執筆陣も所属する、ウェブ戦略・ウェブマーケティングを学ぶ組織 ism（イズム）のセミナー告知用ランディングページを事例に、実際に引き算しながらキービジュアルができ上がるまでのプロセスを3段階に分けて見ていきましょう。

● 3C からキービジュアルを考える

　このセミナーは、業績が悪化していて「変わらなければ！」と感じている年商3〜5億の小企業を対象としました。業績悪化を乗り越えるには、再び成長の波へ乗り換えなければなりません。ウェブを活用したイノベーションこそ成長軌道へ乗り換えるきっかけと考えたのです。

　ism ではフレームワークの共有などを通してウェブイノベーションノウハウを提供しています。またウェブを中心とした専門家も多数参加しているため、会員同士で協力できる体制もあります。だからこそ、会員が力を合わせて支援ができるため、競合であるコンサルティング会社に依頼するよりも早く、より高度な連携が可能です。この ism の価値を伝えることが、このセミナーを聞きに来ていただく理由となります（図45）。

　これらのことから、キービジュアルで伝えるべき情報は以下の3点であると考えました。

（1）誰に伝えたいのか
　　お客様→年商3〜5億円程度の企業経営者
（2）受講のメリット
　　お客様が求める価値、差別的優位点を総合して見る→これまでのウェブ活用の固定概念を外すための気づきやノウハウ
（3）いつ、どこで行われるのか（日時、会場）

　ここから作成したデザインが図46です。伝えるべき情報は網羅されていますが、目に飛び込んでくる情報量が多く、どれが一番重要な情報なのかをユーザーが一目で判別するのは難しいデザインといえます。

6-7 引き算する勇気

図45 ism の 3C

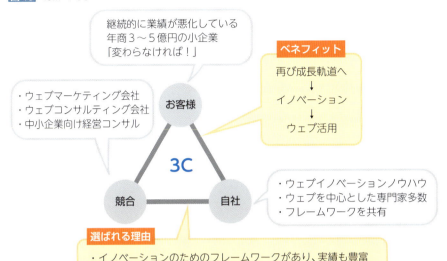

図46 デザイン1稿目

第6章 売れるウェブデザインは戦略を映している

● **情報とデザインを整理する（2稿目）**

デザイン1稿目を踏まえ、情報とデザイン要素を整理しました。
情報は以下の3点を整理しました。

① メインタイトルをより具体的で簡潔なタイトルに
② 会場詳細は日時と開催地の掲載を優先。会場名を割愛、別途記載
③ 黄帯上のセミナータイトル名も内容を絞り、シンプルに

デザイン要素は以下の2点を整理しました。

④ メインタイトルは大文字で十分目立つ。さらに傾斜をかけることは過剰な装飾になっており、他の要素を認識しづらくしている。引き算しても支障がない
⑤ ④の修正によって、サブタイトル「ウェブイノベーションのススメ」の周囲に十分に余白をとることができるようになり、領域を区別するための罫線も不要になった

完成したデザインが、**図47**です。変更した①〜⑤について、1稿目（**図46**）と比較してみてください。

図47 デザイン2稿目

● さらに情報とデザインを整理する（3稿目）

デザイン2稿目を踏まえ、さらに情報とデザイン要素を調整します。
情報は以下の点を整理しました。

⑥ サブタイトルと黄帯上のセミナータイトルの文言が重複したため、サブタイトルを削除し、セミナータイトルに集約

デザイン要素は以下の2点を整理しました。

⑦ タイトルとサブタイトル、開催日のジャンプ率を大きくして、伝えたい要素の順番（優先順位）を明確にした。サブタイトルもより短く変更
⑧ 全体的に文字間や行間で余白を十分にとり、それぞれの要素が際立つように調整

完成したデザインが、**図48**です。

図48 デザイン3稿目

● まとめ

デザインの変遷（**図49**）を見ると、改善の流れを通して、より伝えたいことが伝わるデザインにブラッシュアップされたことがおわかりいただけると思います。まずは、要素ごとに絞り込んで情報を整理し、さらに不要または重要度の低

い要素をそぎ落とし、伝えるべき優先順位を決めます。

　優先順位が決まれば、それに添ってレイアウトや文字の大きさ・太さなどでメリハリをつけ、最後に文字間や行間、改行などにより適切な余白をとることで、本来の主旨や機能を際立たせることができるのです。

　コピーやコンテンツを削ったり変更するのはデザイナーの仕事ではないと考える方もいるでしょう。しかし、私たちがデザインしているのはページではなくウェブサイト全体、ひいてはユーザーのシナリオ、体験（UX）なのです。

　そう考えると「誰に」「何を」「どのように」を一緒に掘り下げる必要があることがご理解いただけると思います。

図49 デザインの変遷

1稿目

2稿目

3稿目

6-8 ゴールは戦略の実現

1 サイトは運用して成果を得るもの。だからこそシンプルに

　ウェブサイトは公開したら終わりではありません。継続して運用するために、運用のしやすさも考えましょう。

　商品やサービスの追加や更新など、サイトが公開されて運用が始まると、「情報の整理ができてコンテンツを追加する場所がわかりやすくなった」「商品を増やしやすくなった」「すっきりして商品が選びやすくなった」という声を多くいただきます。

　シンプルなデザインは、運用段階でも大きなメリットがあります。

- ルールが統一されて明確になったために、更新しやすい
- 構造が整理され、新しいコンテンツが増やしやすい
- イレギュラーな内容でも、既存のルールでデザインできる

　つまり、誰でも素早く同じルールで更新できるようになるのです。また、それぞれのコンテンツの格納場所もわかりやすくなり、使いやすさが増します。

　時間が短縮されるので、コストも削減できます。成果に直結するような、優先順位の高い仕事に時間を割くことができるようになります。

　ウェブサイトは、作って終わりではありません。運用によって、より成果は高まります。特にネットショップは常に新しい情報、商品があることでリピーターが増えます。

　だからこそ、運用の負担を軽くするというのは、意外に重要です。シンプルなサイトは運用しやすく、少ない労力で売り上げを生み出すのです。

2　共有と体験が防ぐロス

　「3C」やトーン＆マナー[※1]は、複数の人と共有しやすくするため、簡潔に作ります。ただし、これだけを共有するのではなく、プロジェクト全体で重要なことはデザイナーやプログラマーにも共有しましょう。その戦略に行き着いた経緯や背景なども共有することで、円滑なコミュニケーションができ、一気通貫したウェブサイトができ上がります。
　一気通貫でなかったらせっかくの戦略も無駄になりますし、成果も出ません。
　一度に伝わらなくても、フィードバックするときに補足することを意識したり、3～4割の完成度のデザインをたたき台として、ディスカッションをするなど、何度も戦略や企画を共有する機会を作りましょう。
　可能ならば、デザイナーもお客様の様子や商品について知見を深めることをおすすめします。例えば、実店舗があれば店舗へ出向く、産地を見る、趣味のサイトならそれを体験してみるなどです。「見る」と「聞く」では大違いです。言葉では説明しづらい抽象的な情報も共有できれば、企画の共有もスムーズになり、デザインの方向性も一致しやすくなります。

3　デザインの言語化がロスを防ぐ

　プロジェクトリーダーや担当者との間で会話をするとき、「なんとなく……」というニュアンスで会話をしているために、行き違いが生じたりしていませんか。例えば「わかりやすく、シンプルに」といってもAさんが思い描くシンプルと、Bさんが思い描くシンプルには、個人差があります。
　「商品を選びたい人と情報を知りたい人の振り分けが必要なので、一目見てわかるように色を分けたい」など、しっかりとデザインの意図を言葉にすることで、戻りの回数は少なくなると思います。デザインをビジネスとして活かすためには、この「デザインを語る力」が重要です。デザイン案やワイヤーを提出する

※1　広告のデザイン・クリエイティブの表現方法をルール化し、イメージ、フォント、カラーなどに一貫性を持たせることです。

ときは、必ず細部までコメントをつけましょう。

　そして、見た目の完成度が7割でも、戦略が実現できていればそれがゴールです。「ゴールは戦略の実現」これを意識して、終わりのない無駄なデザインを行わなくなれば、デザイナーもユーザーも幸せです。

おわりに

　当社は2002年に、おそらく日本最初のウェブコンサルティング専業会社として創業しました。たくさんのウェブマーケティングや戦略のお手伝いをしてまいりましたが、信頼できるパートナーがいないために、必要のない苦労、失敗をしている会社をたくさん見てきました。

　一方で、それを支援するウェブマーケティングのプロも苦労しています。お客様のために頑張りたいのに、学ぶ場、経験を積む場が無い。また、そのせいで単価が上がらず、コストと収益のバランスをとることができない。過酷な仕事でありながら、給料が少ないのもご存じのとおりです。ウェブ専門家ニーズはたくさんあるのに、育つことができず、信頼関係を築くことができず、その結果、企業はいつまでたってもウェブをうまく活用できていないのです。

　当社はお客様を支援しつつ、若いウェブ系の会社のお手本となるように努めてきました。しかし、自社の影響力は小さく、単独では十分な業界啓蒙ができませんでした。そこで、2013年にismを立ち上げました。ismでは、企業のウェブ活用を支援しながら、一緒に企業を支援するウェブプロフェッショナルの育成も行っています。

　私たちは、ismを通して、信頼しあえるウェブ業界を作ります。小さな会社の小さな志（＝ism）ではありますが、4年の歳月で、すでにたくさんの仲間を得ることができました。ウェブを通して社会に貢献したい方、本質的なウェブ活用にご興味がある方は、ぜひ私たちの仲間になってください。これからもたくさんの仲間とウェブ業界を変革していきます。

2017年2月
ism代表　権 成俊

株式会社ゴンウェブコンサルティング
ism事業部
https://www.internet-strategy-marketing.org/
info@internet-strategy-marketing.org
03-5834-1925

謝 辞

本書が生まれるために、20年もの歳月が必要でした。その時間をかけることを許してくれた家族と、その間ともに歩んでくれた、これまでのすべてのゴンウェブのスタッフ、駒込のパートナーに感謝します。

―― 権 成俊（第1章執筆）

未熟な私がコンサルタントとして活動できるまでに、多くの方の支えがありました。成長を助けてくれたクライアントやパートナー、仲間たち、そして支えてくれた愛する家族に心から感謝を込めて。

―― 村上 佐央里（第2章執筆）

独立してから10年、仕事だけをしてきました。
その間未熟な私を支えていただいた皆様に感謝します。そして何よりもそれを許し、それができる環境を整え、いつも応援してくれた妻に感謝します。

―― 木村 純（第3章執筆）

これからのリスティング広告がどうあるべきかを本書で書くことができました。Google広告主コミュニティでお世話になっているGoogleの今井さんや関係者の皆様、新しいことに一緒にチャレンジしてくれる広告主様、そして応援してくれた家族には心から感謝しています。

―― 鳴海 拓也（第4章執筆）

私をゴンウェブコンサルティングに導いてくださった3人のMさん。「ゴンウェブ春日井」とかかわってくださったすべての皆様。そして夕飯が冷凍餃子でも文句1つ言わず過ごしてくれた人。心よりありがとうございます。

―― 春日井 順子（第5章執筆）

私自身も教えられることばかりで日々邁進中ですが、本書が仲間たちにとって何かのヒントになりますように。長きにわたりお世話になった前職の社長をはじめ、これまでかかわってくださったすべての皆様に心から感謝します。

―― 佐藤 晶子（第6章執筆）

これまで私自身、日々悩みながら手探りで制作してきました。同じようにサイト制作に悩める方へほんの少しでもお役に立てれば幸いです。最後に、至らない私を叱咤激励し協力してくれた関係者の方々に感謝します。

―― 後藤 裕美子（第6章執筆）

著者プロフィール

権 成俊
株式会社ゴンウェブコンサルティング　代表取締役
経営／ウェブ／ECコンサルタント

1973年、横浜生まれ。
1997年より、ソフトバンク株式会社にてIT関連商品のECサイトディレクションに従事。
2002年にゴンウェブコンサルティング創業。
日本のウェブコンサルティングの先駆者として活躍。
ウェブを活用したイノベーション支援を得意とする。
2013年より、ウェブコンサルタントの育成、ウェブ活用企業の支援のためのismを主宰し、ウェブコンサルタントの育成、啓蒙にも努め、ウェブコンサルティング業界の父と呼ばれる。
著書に『アマゾンにも負けない、本当に強い会社が続けていること』((株)翔泳社)ほか。
座右の銘は「生き生きと生きる」。

村上 佐央里
ウェブコンサルタント(個人事業主)
株式会社ゴンウェブコンサルティング　社外取締役

1998年より、システム開発会社にてSEを経験後、2004年より株式会社ゴンウェブコンサルティング入社。
戦略から、マーケティング、デザイン、システムを一人で手掛け、ネットショップのマーケティング、制作を中心に、多くの成果を残す。
2009年よりフリーランスとして独立。戦略を落とし込んだウェブサイトリニューアルを行う傍ら、全国でウェブマーケティングセミナーも行う。
セミナー前は白ワインでリラックス。
著書に『ECサイト 4モデル式 戦略マーケティング』(共著)((株)アスキー・メディアワークス)

木村 純
アイスタイル株式会社　代表取締役

2007年にアイスタイル株式会社創業。
設立当初よりSEMを中心としたウェブマーケテイングの支援を行う。
キーワード分析を元にユーザーモデルを構築させる手法で、中小企業から大手企業、学校などの幅広い業界をサポート。
名古屋でITに関する勉強会「ネッタン」を主催、また名古屋市新事業支援センターでITの専門家としてもアドバイスを行うなど、教育、情報発信も行っている。
趣味はネットで見つけたレシピで料理を作ること。

鳴海 拓也
クロスシナジー株式会社 代表取締役
リスティング広告運用代行／ウェブコンサルタント

2005年より、大手広告代理店にてリスティング広告に従事。
豊富な実績とノウハウが認められ、2011年にGoogle社から日本で2人目となるGoogle AdWordsトップコントリビューターに選ばれる。
2013年にクロスシナジー株式会社創業。
現在は日本唯一の5年連続Google AdWordsトップコントリビューターとして、米国Googleとのコネクションを生かし、Google AdWordsの最新情報やノウハウを伝えるセミナーも行う。
身長185cm、高校時代は野球部。

春日井 順子

2003年より、印刷会社DTPオペレーターとして、機関誌のデザイン制作など印刷物の制作業務に携わった後、2011年株式会社ゴンウェブコンサルティングに入社。ウェブサイトの解析、リスティング広告運用、コンテンツ企画、全体ディレクションを経験。
2014年に独立し、ゴンウェブコンサルティングのパートナーとして、主にコンテンツ企画やディレクション業務を担当。
三度の飯より餃子が好き。

佐藤 晶子

1997年より、福岡県のデザイン事務所にて、版下製作、広告、ほかグラフィックデザインを経験。
2000年に大分県の企画デザイン事務所へ転職。集合広告ほか制作全般を行う。
2003年からは同社がウェブ事業へ転向したのをきっかけにウェブデザインをスタート。中小企業のECサイト制作と、運用をメインに活動。
2013年にあきんこウェブとして独立。東京にてウェブディレクションとデザイン業務に従事。
身長152cm。愛称は（ありんこではなく）あきんこ。

後藤 裕美子

通販事業の商品・販促ツールの企画デザインを経て、2008年からシステムコンサルティング会社にてウェブデザインに従事。
中小企業のコーポレートサイトのディレクション兼デザインを担当。
2016年に素白デザインとして独立。
戦略を実現するための情報や要素を整理し、組み立てる、情報デザインを得意とする。
現在はism制作部としての活動を中心に、ディレクションからデザインまで行っている。
車の運転が男前といわれる。

Staff

- 本文設計・組版・編集　BUCH⁺
- 装丁　小川純（オガワデザイン）
- イラスト　渡辺裕子
- 担当　池本公平
- Webページ　http://gihyo.jp/book/2017/978-4-7741-8805-8

※本書記載の情報の修正・訂正については当該Webページで行います。

なぜ、あなたのウェブには戦略(せんりゃく)がないのか？
──3C(さんシー)で強化する5つのウェブマーケティング施策(しさく)

2017年3月8日　初版　第1刷発行
2017年9月27日　初版　第2刷発行

著者	権 成俊(ごん なるとし)、村上佐央里(むらかみ さおり)、木村 純(きむら じゅん)、鳴海拓也(なるみ たくや)、 春日井順子(かすがい じゅんこ)、佐藤晶子(さとう あきこ)、後藤裕美子(ごとう ゆみこ)
監修	株式会社ゴンウェブコンサルティング
発行者	片岡 巖
発行所	株式会社技術評論社 東京都新宿区市谷左内町21-13 電話　03-3513-6150　販売促進部 　　　03-3513-6170　雑誌編集部
印刷／製本	港北出版印刷株式会社

定価はカバーに表示してあります。

本書の一部または全部を著作権法の定める範囲を超え、無断で複写、複製、転載、あるいはファイルに落とすことを禁じます。

©2017　権 成俊、村上佐央里、木村 純、鳴海拓也、春日井順子、佐藤晶子、後藤裕美子

造本には細心の注意を払っておりますが、万一、乱丁（ページの乱れ）や落丁（ページの抜け）がございましたら、小社販売促進部までお送りください。送料負担にてお取替えいたします。

ISBN 978-4-7741-8805-8 C3055
Printed in Japan

■ お問い合わせについて

● ご質問は、本書に記載されている内容に関するものに限定させていただきます。本書の内容と関係のない質問には一切お答えできませんので、あらかじめご了承ください。

● 電話でのご質問は一切受け付けておりません。FAXまたは書面にて下記までお送りください。また、ご質問の際には、書名と該当ページ、返信先を明記してくださいますようお願いいたします。

● お送りいただいた質問には、できる限り迅速に回答できるよう努力しておりますが、お答えするまでに時間がかかる場合がございます。また、回答の期日を指定いただいた場合でも、ご希望にお応えできるとは限りませんので、あらかじめご了承ください。

■ 問い合わせ先

〒162-0846　東京都新宿区市谷左内町21-13
株式会社技術評論社　雑誌編集部
「なぜ、あなたのウェブには戦略がないのか？」係
FAX 03-3513-6179